非線形時系列解析の基礎理論

Basic Theory of Nonlinear Time Series Analysis

平田祥人＋陳 洛南＋合原一幸 ［著］

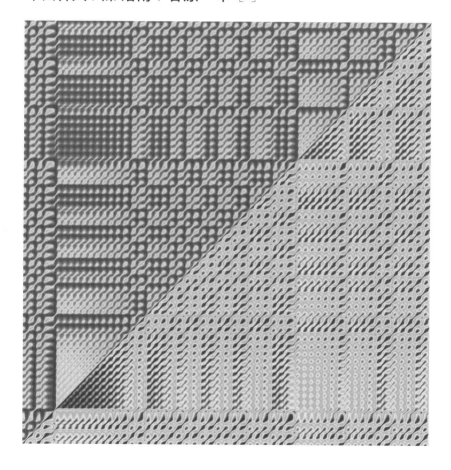

東京大学出版会

Basic Theory of Nonlinear Time Series Analysis

Yoshito HIRATA, Luonan CHEN, and Kazuyuki AIHARA

University of Tokyo Press, 2023

ISBN978-4-13-062464-0

はじめに

　2022年の梅雨明けの発表は，たとえば関東では6月27日であり，全国的にも異常に早く，かつその直後に記録的な猛暑，さらには電力不足に見舞われた．他方で，梅雨明け宣言後の7，8月には長雨や豪雨が頻発するという，これまで経験したことの無いような気候であった．この異常な気候の生物への影響に興味を持ったが，たとえばミンミンゼミやアブラゼミの初鳴きは例年とほとんど変わらなかったように思う．異常と正常の共存するこの世界，実に面白い．

　このように，我々は動的世界に生きている．したがって，太古の時代から人類は，太陽や天空の星たちが生み出す動きや周期性に強く惹かれ，またそれらは実利的に大きな意味を持つものでもあった．

　このような動的現象を観測すると，観測量が時間とともに変化するデータが得られる．これが時系列データである．したがって，この観測された時系列データを用いて，対象の性質を理解し，その将来を予測することが，この動的世界で生きていくうえで，極めて重要なテーマとなった．このような時系列データを解析する理論的な枠組みを，時系列解析理論と呼ぶ．

　時系列解析理論は，まず線形システムを対象に整備されていった．典型例は，フーリエ解析理論に基づくパワースペクトラム解析である．これは，観測された時系列データを多数の正弦波の重ね合わせで理解しようとするもので，まさに線形理論の美しさと実用性を兼ね備えた解析手法である．

　その一方で，この世の中に実在するシステムのほとんどは非線形システムである．したがって，線形システムを想定した線形時系列解析では，当然限界がある．

　この事実の深刻さを明示したのが，約半世紀前の決定論的カオスの発見である．たとえば，2次関数の非線形性を有する1変数の離散時間力学系であるロジスティック写像が極めて複雑な時間的変動を生み出し，さらにそのパ

ワースペクトラムは純粋な確率事象であるポアソン過程の時間間隔系列と同じ白色特性を持ちうることは，実に驚きであった．決定論的システムと確率論的システムが線形時系列解析では区別できないのである．線形時系列解析の限界が露呈することとなった．

　この決定論的カオスが契機となって，非線形時系列解析の重要性が認識され，さまざまな理論が構築されていった．著者らは，非線形時系列解析の黎明期から，その研究に従事してきた．そしてさらに，最近のセンサー技術やIoT技術の進歩によって，いわゆるビッグデータがさまざまな実システムから広く計測できるようになったという時代背景もあって，非線形時系列解析の重要性は日々増している．ビッグデータは中に宝物も含まれているが・見ゴミの山でもあり，そこから宝物を取り出すためには，非線形時系列解析が不可欠なのである．

　本書は，この非線形時系列解析の基礎理論をまとめたものである．関連した書籍としては，2000年に出版された合原一幸編，池口徹，山田泰司，小室元政著『カオス時系列解析の基礎と応用』（産業図書）がある．この本は出版されて20年以上経つが，今でも広く読まれている．その一方で，非線形時系列解析は日々大きく進展しているので，この本の出版以降に蓄積された理論的内容もたいへん多い．そこで，それらを特に重視しながらまとめたのが，本書である．本書はそれだけでこの分野の全貌を理解できるように執筆されているが，その一方で大きな重複を避けるため，前書『カオス時系列解析の基礎と応用』で詳述した埋め込み定理の証明やサロゲートデータ法の細かな説明など本書では割愛した内容も少なくない．したがって，両方の本を併せてお読みいただけると，非線形時系列解析理論に関するより多くの充実した内容がご理解いただけると思う．

　この世の中自体が非線形システムでできているので，非線形時系列解析理論の重要性はたいへん高い．ぜひ，本書の内容を，ご興味のある実際のシステムから観測される時系列データに適用してみていただきたい．このことによって，非線形時系列解析理論の強力さを容易に実感いただけると確信している．

2022年　晩夏

著者

目　次

第1章 非線形時系列解析とは

　本書で論じる非線形時系列解析とは，過去や現在の状態から将来の状態が決まる非線形力学系から生成された時系列データを主な対象とした時系列解析である．世の中の多くのシステムは，近似的に非線形力学系として数理モデル化することができる．これらの非線形力学系から生成された時系列データは，古典的な線形理論に基づく信号処理手法である自己相関やパワースペクトルだけでは十分に特徴づけることができないため，線形システムを対象とした従来の時系列解析とは異なる非線形時系列解析のアプローチが必要となる．

- 学習目標：非線形時系列解析の扱う対象，非線形時系列解析の発展の歴史を把握する．

- キーワード：力学系，決定論的カオス，時系列データ

1.1 非線形時系列解析とその発展

　この世の中のさまざまな現象は，その状態が時間とともに変化するダイナミクスを有している．その対象は，気象や地震といった物理的な現象であるかもしれないし，神経細胞や脳の活動，心拍の変動，腫瘍マーカーの増減，遺伝子発現といった生物学・医学的な現象かもしれないし，はたまた，為替取引や言語の変化，コミュニケーションといった経済学，社会学や心理学的な現象かもしれない．このような諸現象の時間的な変化を観測すると，時系列データが得られる．本書は，非線形な対象から観測される時系列データの

解析手法を，主として数学の1分野である力学系理論の立場から解説するものである．

力学系 (dynamical systems) とは，現在や過去の状態からその将来の状態が決まるシステムのことである．力学系に関する知識を包括的にまとめたのが，力学系理論 (dynamical systems theory) である．現在や過去の状態から将来の状態が決まってしまうと，単純な振る舞いしか生まれないのではないかと思われる読者もいるかもしれない．しかしながら，非線形な特性 (nonlinear characteristics) が存在すると，現在や過去の状態から将来の状態を決める単純なルールから複雑な振る舞いが現れうる．この典型例が，決定論的カオス (deterministic chaos) である (Li and Yorke, 1975).

決定論的カオスは，その発見以降，さまざまな特徴付けが行われてきた．いまだにすべての研究者が合意する決定論的カオスの定義はないが，決定論的カオスは下記のような性質を持つものと広く考えられている．ここでは，決定論的カオスの典型例であるエノン (Hénon) 写像 (Hénon, 1976) を例にとって決定論的カオスの性質を具体的に見ていこう．

エノン写像は，次の式で定義される：

$$x_t = 1 - ax_{t-1}^2 + bx_{t-2}. \tag{1.1}$$

ここで，x_t は時刻 t での値 $(x_t \in \mathbb{R})$，a と b は実パラメータである．よく用いられるパラメータの値は，$a = 1.4$ と $b = 0.3$ である．この章でも，特に記述がなりければ，このパラメータの値を用いることにする．

$x_1 = 0.1$，$x_2 = 0.1$ とし，式 (1.1) を数列の漸化式だと思って，時系列データを生成してみよう．よく知られているように，この漸化式の一般解を陽に書くことはできない．そこで，この式の解が示すダイナミカルな振る舞いを数値的に見ていこう．

x_1 から x_{100} までの振る舞いを見たのが，図 1.1 である．とても複雑な時間的振る舞いが観測される．ただし，複雑な振る舞いではあるが，このダイナミクスの将来は，式 (1.1) により現在と過去の状態から一意に決まっている．それを示すために，リターンプロットを取ろう．リターンプロットとは，横軸に現在の値 (x_t)，縦軸に1ステップ先の将来の値 (x_{t+1}) を取っ

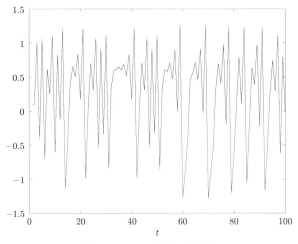

図 1.1 エノン写像の時系列.

たグラフである.このグラフは,2つの時刻の値に決定論的関係性がないと
き,点が不規則に広がってしまう(図 1.2(a) の一様分布のランダムノイズ
の例を参照).しかし,エノン写像のような決定論的カオスでは,点はリタ
ーンプロット上の限られた場所にしか存在しない(図 1.2(b)).このように
方程式を時間発展させていったときに漸近していく点の集合のことをアト
ラクタという.アトラクタは1点となる場合もあるし,図 1.2(b) のように,
複雑な形をとることもある.また,特に,$b = 0$ である場合,リターンプロ
ット上の点は,(1.1) 式で $b = 0$ とおいた $x_{t+1} = 1 - ax_t^2$ の放物線上にのる
(図 1.2(c)).このように,時間的振る舞いは複雑でも,決定論的カオスには
現在や過去の状態から将来の状態を決める決定論的ルールがあるので,少な
くとも短期的には複雑に変動する対象の将来の振る舞いが予測できそうであ
る(短期的予測可能性).

　しかし,長期的な予測をしようと思うと,この複雑な振る舞いは厄介で
ある.多くの対象において状態の時間発展は,状態の空間(状態空間と呼
ぶ)の中で限られた領域(アトラクタ)に存在して,発散していかないとい
う特徴がある.しかし,決定論的カオスから観測される時間発展は,周期
的な振る舞いとは異なる(非周期性).しかも,初期状態が近い2つの解の

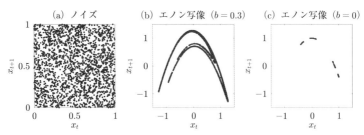

図 1.2 リターンプロット. (a) 一様分布のノイズ, (b) エノン写像 ($b = 0.3$), (c) エノン写像 ($b = 0$). $3 \leq t < 2000$ の範囲の点を使って作図した.

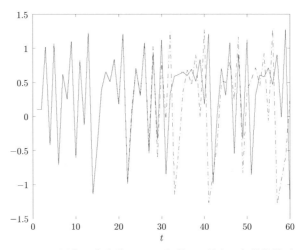

図 1.3 エノン写像の時系列. 2つのわずかに異なる初期状態 ($x_1 = 0.1$, $x_2 = 0.1$ (実線) と $x_1 = 0.1$, $x_2 = 0.10001$ (一点鎖線)) から得られるカオス解の比較.

時間発展を観測すると, カオス解では通常, 2つのわずかに異なる初期値から得られる2つのカオス解の距離が指数関数的な速さで大きくなっていく. $x_1 = 0.1$, $x_2 = 0.10001$ として, 先ほどの解との違いを見てみよう. 2つの解は, 最初のうちはよく似た振る舞いを示すが, t が20ステップ以上になると, 2つの解は大きく離れていき, その値の違いは, やがて x_t の動く範囲とほぼ同じ大きさになってしまう (図1.3). 2つの解の差を見てみると,

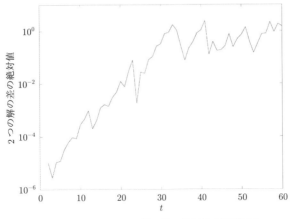

図 1.4　図 1.3 の 2 つの解の差の絶対値の時間変化.

差の絶対値がほぼ指数関数的に大きくなっていっていることがわかる（図 1.4：縦軸はログスケールである）. この性質は，初期値鋭敏依存性やバタフライ効果と呼ばれている. この初期値鋭敏依存性による複雑な振る舞いのために，カオス解の将来を長期的に予測しようとしても予測できないことになる（長期的予測不可能性）.

　また，面白い性質としては，状態空間の一部を拡大すると，状態空間全体と類似の幾何学的構造が見られるという特徴がある. 実際にエノン写像の一部分を拡大していってみよう. 部分を拡大していっても，全体と同じようなパターンが観測される（図 1.5）. これを，自己相似構造という. この自己相似構造のために，状態空間内の時間発展を表す限られた領域（アトラクタ）は，実数次元で特徴づけされるフラクタル性を持つ.

　加えて，決定論的カオスには次のような性質もある.

- アトラクタ上の任意の状態の任意の近傍から始まる時間発展のなかには，別の任意の状態の任意の近傍に到達するようなものが存在する（位相推移性）.

- 状態空間のなかには，不安定なために観測できない周期的な振る舞いをする時間発展（周期解）が，可算無限個存在し，アトラクタ上の任意の

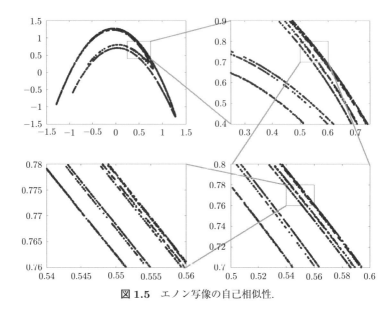

図 1.5 エノン写像の自己相似性.

　状態のどんな近傍を取ってきてもそのなかに周期解を見つけることがで
きる (周期解の稠密性).

　このように，決定論的カオスは，いろいろな「顔」を持つ現象である.

　最近半世紀の研究で，さまざまな実現象から決定論的カオスを見つける手
法が考えられてきた. 実験的な手法としては，実験系に関するあるパラメー
タを変化させて，対象の振る舞いが定性的に変化する遷移を観測する手法が
よく用いられた. このような非線形力学系の振る舞いの定性的な変化を分岐
という. 実際に，エノン写像で，$b = 0.3$ と置き，a を 0 から 2 まで変化さ
せたとき，過渡状態後の x_t のとる値を示そう. 変化させるパラメータ a を
横軸，過渡状態を除去した後の x_t の値を縦軸にとるとき，この図を分岐図
という. この場合の分岐図を図 1.6 に示す. 横軸 a の値を大きくしていくと
き，固定点 (周期 1 の点) が周期 2 の解，周期 4 の解と周期が倍々に増え
ていき，それが集積して，カオスへと至っている様子がわかる. この現象を
周期倍分岐と呼ぶ. 1970 年代後半から 1980 年代にかけて，周期倍分岐な

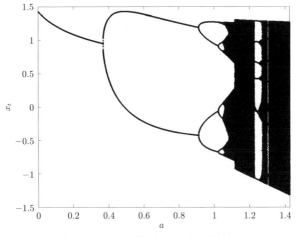

図 1.6 エノン写像 $(b = 0.3)$ の分岐図.

どの分岐現象を利用して，実験的にさまざまな現象のカオス性が示されてき
た．その1つがヤリイカ巨大軸索のカオスである (Matsumoto *et al.*, 1984;
Aihara *et al.*, 1986).

　自励発振するヤリイカ巨大神経軸索を正弦波電流で刺激したときに，周期
倍分岐を経てカオスへ至る変化を観測した実験結果の例を，図1.7，1.8に
示す．図1.7は時間波形，図1.8は正弦波刺激電流の30°ごとの位相で観測
した，膜電位応答波形の時系列データのリターンプロットである．ヤリイカ
巨大軸索から観測されたノイズを含む実験データなので不明瞭な部分もある
が，図1.8のリターンプロットにおいて，(a)の4点が(b)では8点になっ
ている．4→8への周期倍分岐である．対応する図1.7の膜電位波形は，図
1.7(a)では3つのスパイクと1つの小さな応答を周期的に繰り返している．
ところが，図1.7(b)は図1.7(a)とよく似ているが，各スパイクの高さを見
ると全体の波形パターンとしての周期が倍になっていることがわかる．図
1.7(c)，1.8(c)は周期倍分岐が集積した直後のカオス，図1.7(d)，1.8(d)は
さらに発達したカオスだと考えられる．

　このようにパラメータを変化させることによって分岐が直接観測できれ
ば，その現象が非線形力学系として理解できることが容易に想定されうる．

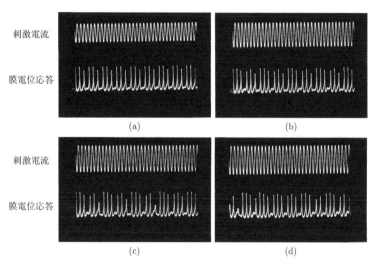

刺激電流

膜電位応答

(a)　　　　　　　　　　　(b)

刺激電流

膜電位応答

(c)　　　　　　　　　　　(d)

図 1.7 ヤリイカ巨大神経軸索において観測された，周期倍分岐を経て
カオスへ至る波形の変化．各図で上は正弦波刺激電流波形，下は膜電位
応答波形．ただし，自励発振周波数 =203 Hz，正弦波刺激電流の周波数
=270 Hz，振幅 = (a) 1.5 μA，(b) 2.0 μA，(c) 2.2 μA，(d) 2.32 μA．

しかしながら，パラメータ自体を変化させることはできない実現象がほとん
どであるので，分岐による手法以外のデータ解析手法が必要になる．そこで
登場するのが，本書の主題となる力学系理論に基づいた非線形時系列解析で
ある．

　まず，非線形時系列解析の歴史の概略を見ておこう．その本格的研究の歴
史は約 40 年と比較的新しい分野である．

　1980 年，81 年頃に，1 次元の観測量から力学系の状態の空間を再構成す
る手法が開発された．この手法は，時間遅れ座標を用いた埋め込みと呼ばれ
る．この埋め込み手法により，1 変数の限られた観測量からでも，時系列デ
ータを生成した力学系に関する性質を調べたり，観測量の予測をしたりする
ことができるようになった．

　1983 年には，自己相似性を特徴づける量である相関次元が提案された．
1985 年には，時系列データからリヤプノフ指数を推定する手法が相次いで
発表された．リヤプノフ指数は，第 3 章で説明するが，カオス特有の初期

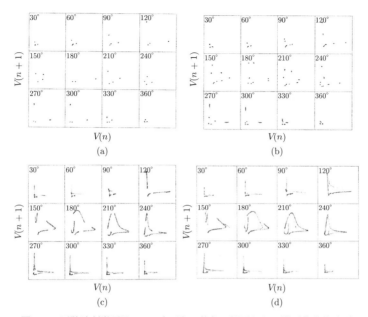

図 1.8 正弦波刺激電流の 30 度ごとの位相で観測した，膜電位応答波形の時系列データのリターンプロット．(a)-(d) は，図 1.7 の (a)-(d) に対応する．

値鋭敏依存性を特徴づける手法である．1987 年には，時系列データを視覚化する手法であるリカレンスプロットが開発された．1990 年以降になると，サロゲートデータといって帰無仮説に従う大量のデータを生成する手法を用いて，決定論的カオスの必要条件である決定論性や非線形性を統計的に特徴づける手法が発表された．また，1 次元の時系列データに対して時間遅れ座標埋め込みを実用的に保証する手法が確立された．

2000 年代になると，記号力学系を用いてダイナミクスを単純化する手法や，多変量データが与えられたときに，その相互間の関係を調べる手法がさかんに開発された．また，リカレンスプロットを用いた手法が広く研究され，視覚的にさまざまな現象が特徴づけできるようになってきた．そして，2010 年前後になると，観測が等時間間隔ではなく不規則なタイミングで得られるような時系列データに対しても，非線形時系列解析の手法を広く用

いることができるようになり，非線形時系列解析の応用範囲が大きく広がった．

1.2 ｜ 本書の構成

　以降本書では，上記の非線形時系列解析のさまざまな手法の詳細を紹介していく．

　まず，第2章では，非線形時系列解析の基礎となる埋め込み手法について紹介する．対象となる非線形システムのすべての変数が観測できればよいのだが，実際には最悪1次元の量しか観測できないこともある．そこで，そのような場合，観測できる1次元の観測量から，対象システムの状態とうまく1対1に対応するような空間を再構成する必要がある．そのような状態の空間が再構成できれば，再構成した状態空間内での振る舞いを調べることで元の対象システムの振る舞いを調べることができる．この状態空間の再構成の手法が時間遅れ座標埋め込みである．

　続く第3章は，観測した時系列データを決定論的カオスとして特徴づけるための手法について紹介する．相関次元はフラクタル性を特徴づける指標，最大リヤプノフ指数は状態空間内の2つの近傍の点が平均的にどのくらいの速さで離れていくかを特徴づける指標である．第3章では，カオス時系列解析の基本である，これらの相関次元と最大リヤプノフ指数について紹介する．

　第4章では，時系列データを視覚化する手法であるリカレンスプロットについて紹介する．リカレンスプロットは，2次元の平面図である．縦軸，横軸ともに同じ時間軸である．縦軸と横軸で表される2つの時刻に対応する状態間の距離を計算し，距離が閾値より近ければ，対応する場所に点を打ち，そうでなければ，点を打たない．このように単純に定義されるリカレンスプロットであるが，変数のスケール以外の位相や距離に関する力学系情報のほとんどを保持している．そのため，リカレンスプロット上の点のパターンを使って定義される量は，決定論的カオスを特徴づけるたいへんよい指標となる．

第5章以降は，第4章までの知見を基盤とする，非線形時系列解析のより高度な手法について紹介する．

第5章では，記号力学的手法を使った非線形時系列解析について説明する．記号力学とは，力学系を0や1といった記号の列を使って表現したものである．記号力学では，時間発展が，記号列を左に1つシフトさせるというとても単純な操作によって表すことができる．記号力学を用いると，対象の振る舞いをより直感的に把握しやすくなるとともに，各種の統計量を厳密に計算したり，情報理論など記号情報を取り扱う他の分野の手法を力学系の解析に活用することも可能となる．

第6章では，非線形時系列解析における仮説検定を導入する．まず，統計的観点から決定論的カオスを特徴づける手法であるサロゲートデータ解析を紹介する．サロゲートデータ解析は，非線形時系列解析における仮説検定の1手法である．まず，帰無仮説を設定する．そして，帰無仮説に従うランダムなデータ（これをサロゲートデータと呼ぶ）を大量に生成する．そして，元のデータとサロゲートデータに関して，検定統計量を使って比較する．検定統計量としては，第3章や第4章で紹介した量を用いるのが一般的である．しかし，ここでは，非線形性の検定と確率論性の検定を分けるために導入された新しい統計量を使うことにする．また，第6章の後半部分で，決定論性と確率論性を分ける研究結果を紹介する．

第7章では，非線形予測の手法を紹介する．予測はさまざまな分野において実用上の重要性が高いが，状態空間がうまく再構成できれば，再構成された状態空間を用いて予測をすることが可能になる．たとえノイズがあっても決定論的法則が支配的なシステムでは，たいへん強力な予測手法を提供することとなる．

第8章では，点過程時系列データの解析手法をまとめる．観測が連続時間軸上の不規則な時点で不連続な事象として次々と得られるような時系列データを，点過程時系列データと呼ぶ．点過程時系列データの代表的な例としては，神経細胞の発火データ，為替などの高頻度経済取引データ，地震の系列データなどがある．この章では，これらの点過程時系列データ解析の手法について詳しく紹介する．

　第9章は，多変量の時系列データから背後に存在するネットワーク構造を推定する因果性解析の手法について紹介する．ネットワーク構造の推定は，ネットワーク科学の手法を使って時系列データを特徴づける基礎となるものである．隠れた第3の変数が存在するかどうかを調べる手法や，直接的結合か間接的な結合かを調べる手法などを紹介する．

　第10章以降は，さらに発展的な話題を取り上げる．

　第10章では，状態遷移の予兆検知理論を紹介する．ここでの主要な概念は，状態遷移点が近づいているときにゆらぎの時定数と大きさが増大する臨界減速 (critical slowing down) と，その複雑ネットワークへの拡張である動的ネットワークマーカー (dynamical network markers) や動的ネットワークバイオマーカー (dynamical network biomarkers) である．

　第11章では，高次元性，非定常性，確率論性をどのように扱ったらいいかという話題に触れる．まずは，ビッグデータに有効な Recurrence Plot of Recurrence Plots を取り上げる．次に，高次元や非定常な対象の時系列データ解析への対策として，無限次元の時間遅れ座標手法を紹介する．この方法を用いることで，仮想的に，無限次元の空間の計算を高速に取り扱うことができるようになる．さまざまな時系列予測を観測に見立てて予測座標を構築すると，確率的な要因を考慮した時系列予測が構成可能になる．

　従来の時間遅れ座標を用いた埋め込み理論は，低次元，特に最悪の場合として1次元の長い時系列データのみが観測できる状況を仮定していた．しかし，現在ではたとえば遺伝子発現量のように高次元のスナップショットビッグデータが観測されるようになってきている．さらに，最近のセンサー技術や IoT(Internet of Things) 技術の大きな進歩により，高次元の観測ビッグデータがさまざまな対象から得られるようになっている．他方で，多くの複雑系は非定常なため，高次元ではあるが短時間のデータを処理する解析手法への需要も高まっている．そこで，第12章は，高次元ではあるが時間的には短いデータの情報を，ターゲット変数の低次元時系列データの情報に変換することで，ターゲット変数の高精度予測などを可能にする方法を紹介する．

参考文献

K. Aihara, T. Numajiri, G. Matsumoto, and M. Kotani, Structures of attractors in periodically forced neural oscillators, Phys. Lett. A. 116, 313-317 (1986).

M. Hénon, A two-dimensional mapping with a strange attractor, Commun. Math. Phys. 50, 69-77 (1976).

T-Y. Li and J. A. Yorke, Period three implies chaos, Amer. Math. Monthly 82, 985-992 (1975).

E. N. Lorenz, Deterministic nonperiodic flow, J. Atmos. Sci. 20, 130-141 (1963).

G. Matsumoto, K. Aihara, M. Ichikawa, A. Tasaki, Periodic and nonperiodic responses of membrane potentials in squid giant axons during sinusoidal current stimulation, J. Theoret. Neurobiol. 3, 1-14 (1984).

第 **2** 章 状態空間の再構成

　非線形時系列解析では，まず出発点として，最悪の状況を考えて1つだけの観測量が計測できる，すなわち観測量が1次元の時系列データであるという前提を置く．1次元の時系列データから元の状態と等価な状態を再構成する手法が，時間遅れ座標を用いた埋め込みである．時間遅れ座標では，1次元の時系列データから，時間的に遅れをとりながらベクトルを構成する．この時間遅れ座標により元の状態空間の状態と等価な状態が再構成できると，観測できる1次元の時系列データからその背後にある力学系を特徴づけることができるとともに，観測されたカオス時系列データの将来を短期的に予測できるようになる（予測に関しては，第7章で扱う）．本章では，状態空間の再構成に用いられる埋め込み定理に関して概説するとともに，実際に状態空間の再構成を行うときに使う手法に関して紹介する．

- 学習目標：時間遅れ座標による状態空間の再構成に広く用いられる埋め込み定理の意味を理解する．

- キーワード：埋め込み定理，時間遅れ座標，相互情報量，誤り近傍法

2.1　問題設定

　実際の現象の観測や研究室での実験を行うとき，観測できる量は限られることが多い．これは，観測に関わる技術やコストが特に以前は問題になる場合が多かったし，観測による影響でダイナミクスが変化してしまうことをできるだけ避けるためである場合もあった．そこで，1980年前後から考えら

れた一般的な問題設定は，以下のようなものである．

滑らかな力学系 $f : \mathbb{R}^n \to \mathbb{R}^n$ と観測関数 $g : \mathbb{R}^n \to \mathbb{R}$ を考える．これら
より，この力学系の変数 $x_t \in \mathbb{R}^n$ と観測できる量 $s_t \in \mathbb{R}$ が，離散時間の場
合，以下のように定式化されるとする．

$$x_{t+1} = f(x_t), \tag{2.1}$$

$$s_t = g(x_t). \tag{2.2}$$

連続時間の場合には，以下のように定式化されるとする．

$$\frac{dx}{dt} = f(x), \tag{2.3}$$

$$s_t = g(x_t). \tag{2.4}$$

このとき，問題は，s_t の観測データからダイナミクス f に関する性質や元
の状態空間での軌道が再構成できるかどうかである．1980 年に Ruelle や
Packard らは，時間遅れ座標や時間遅れを小さく取った観測変数の微分の近
似値を用いれば，元の状態空間とよく似た状態が再構成されることをレス
ラー (Rössler) モデル (Rössler, 1976) を例に用いて示した (Packard *et al.*,
1980)．時間遅れ座標とは，異なる時刻の s_t を並べて，

$$\vec{s}_t(d) = (s_t, s_{t+\tau}, \ldots, s_{t+(d-1)\tau}) \tag{2.5}$$

とベクトルを構成したものである．ここで，τ は時間遅れ，d は埋め込み次
元と呼ばれる．

まずは，ローレンツ (Lorenz) モデル (Lorenz, 1963) に関する例を見てお
こう．ローレンツモデルは次式の 3 変数常微分方程式で定義される．

$$\frac{dx}{dt} = -\sigma(x - y),$$
$$\frac{dy}{dt} = -xz + rx - y,$$
$$\frac{dz}{dt} = xy - bz.$$

ここで，$x \in \mathbb{R}, y \in \mathbb{R}, z \in \mathbb{R}$ は状態変数，σ, r, b は実パラメータである．こ
の微分方程式は，オイラー法やルンゲクッタ法などを用いて数値的に解くこ

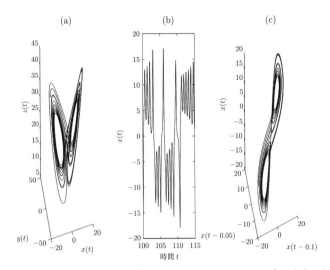

図 2.1 ローレンツモデルの例. (a) ローレンツモデルのアトラクタ. このアトラクタから x を観測して, 時系列データ (b) を得る. この x に関して, 時間遅れ座標をとると, (c) のような状態が再構成できる. ここで, (c) の再構成アトラクタは (a) の元のアトラクタの構造を再構成したものになっている. (c) では時間遅れ 0.05, 埋め込み次元 3 として, 再構成を行った.

とができる. ここでは, MATLAB の ode45 を用いて $\sigma = 10, r = 28, b = 8/3$ の場合に関して初期状態を $(x, y, z) = (0.2, 0.2, 0.2)$ と与えて数値的に解いた例を示す. 最初の 100 単位時間分に対応する過渡状態のデータを除去して, 続く 100 単位時間分のデータを解析に用いた. まず, x, y, z の 3 次元空間で見たときのローレンツ・アトラクタを図 2.1(a) に示す. このアトラクタから x の値を式 (2.4) の $s_t = x$ として観測し, 1 次元の時系列データ (図 2.1(b)) を得たとしよう. そして, この x を用いて, 3 次元の遅れ座標を構成する (図 2.1(c)). 図 2.1(c) は, 2 つの羽根を持つ図 2.1(a) の元のローレンツ・アトラクタの構造をうまく再構成できていて, 観測されていない y や z の情報も再構成できていることが示唆される.

　もう 1 つの例であるレスラーモデルは, 次式の 3 変数常微分方程式で定義される.

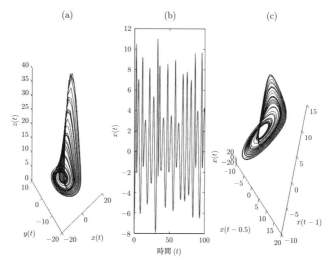

図 2.2　レスラーモデルの例.（a）レスラーモデルのアトラクタ. このア
トラクタからローレンツ・アトラクタと同様に x を観測して, 時系列デ
ータ（b）を得る. この x に関して時間遅れ座標を取ったものが（c）であ
る.（a）とよく似た構造のアトラクタが再構成できていることがわかる.
（c）では, 時間遅れ 0.5, 埋め込み次元 3 として, 再構成を行った.

$$\frac{dx}{dt} = -(y + z),$$
$$\frac{dy}{dt} = x + ay,$$
$$\frac{dz}{dt} = b + z(x - c).$$

ここで, $a = 0.36, b = 0.4, c = 4.5$, 初期状態を $(x, y, z) = (0.2, 0.2, 0.2)$
と与えて, ローレンツ・アトラクタと同様に数値的に積分して, 方程式を解
いてみよう. 最初の 1000 単位時間分の過渡状態データを同様に除去して続
く 1000 単位時間分を利用すると, 図 2.2(a) のようなレスラー・アトラクタ
が得られる. ローレンツモデルと同じように x を観測して, 図 2.2(b) のよ
うな時系列データを観測し, この x の時系列情報のみを用いて, 状態の再
構成を行う. すると, 図 2.2(c) のようになり, 元のレスラー・アトラクタ
（図 2.2(a)）とよく似たメビウスの帯のような構造のアトラクタが再構成で

きていることがわかる.

2.2 ｜ 埋め込み定理

前節で，時間遅れ座標を使って，状態が再構成されることを具体的な数理
モデルを用いて観察した．本節では，アトラクタが再構成されることを保証
する定理，すなわち時間遅れ座標系の埋め込み定理に関して，離散時間力学
系を用いて説明しよう．

m 次元の多様体 M を考える．ここで，m 次元多様体とは，その中の任
意の点で m 次元局所座標系が定義できるような空間である（松本, 1988）.
この多様体 M 上のなめらかな力学系 $f : M \to M$ と観測関数 $g : M \to \mathbb{R}$
を考える.

$$x_{t+1} = f(x_t), \tag{2.6}$$

$$s_t = g(x_t). \tag{2.7}$$

ここで，一般には状態空間は曲がった空間になっているので，多様体の概念
を用いる必要がある.

定理 (Takens, 1981; Noakes, 1991; Stark, 1999)：f がなめらかな微分
同相写像，g をなめらかな関数であると仮定する．ここで，なめらかとは 2
回連続微分可能であること，微分同相写像とは関数が全単射であり，かつ，
元の関数とその逆関数が連続で 2 回連続微分可能である写像であるとする.
このとき，$\Phi_{(f,g)} : M \to \mathbb{R}^{2m+1}$ として，

$$\Phi_{(f,g)}(x) = (g(x), g(f(x)), ..., g(f^{2m}(x))) \tag{2.8}$$

を考える．この $\Phi_{(f,g)}$ が埋め込みとなっている，つまり，$\Phi_{(f,g)}$ が 1 対 1 で
かつ，$\Phi_{(f,g)}$ の微分も 1 対 1 になっている (f, g) の集合は，開集合で，稠密
になっている.

この定理の意味するところは，力学系から 1 次元の観測時系列が得られ
る場合，その観測から $(2m + 1)$ 次元の時間遅れ座標を取れば，元の力学系
と等価な力学系がほとんどの場合再構成でき，再構成できない場合でも，埋

め込みとなっている (f, g) の集合は開集合で稠密なので，観測関数 g を少しずらすことで，埋め込みとなるような (f, g) の組をとることができることである．

　その後，この時間遅れ座標埋め込み定理は，Sauer ら (1991) によって，ボックスカウンティング次元を使って拡張された（証明の詳細は，合原 (2000) も参照）．また，外力によって駆動される系 (Stark, 1999; Stark *et al.*, 2003) や結合系 (Caballero, 2000) にも拡張された．さらに，埋め込み定理は，サンプリング間隔が一定でない時系列データ (Huke and Broomhead, 2007) や多数の観測関数によって得られる多変量の時系列データ (Deyle and Sugihara, 2011) にも拡張されている．本書では，これらの諸埋め込み定理が非線形時系列解析の基盤として活用される．

2.3 | 実際に状態空間を再構成するときに使う手法

　実際に状態空間の再構成を行う場合には，時間遅れ座標の2つのパラメータを決める必要がある．つまり，時間遅れ τ と埋め込み次元 d である．これらのパラメータ値を決めるさまざまな手法が提案されてきたが，現在では，それぞれ相互情報量 (Fraser and Swinney, 1986) と誤り近傍 (Kennel *et al.*, 1992) を用いる手法が広く用いられている．本節では，これらの手法について解説する．

2.3.1 時間遅れの最適化

　埋め込み定理においては，時間遅れはどのような値であっても，数学的にはあまり影響はない．しかし，実用上の観点からは，大きな影響がある．時間遅れをどう選べばいいかに対して指針を与えるのが相互情報量である．

　一般に Ω_X，Ω_Y で定義された確率変数 X と Z の相互情報量は，

$$\sum_{x \in \Omega_X, z \in \Omega_Z} p(x, y) \log \frac{p(x, z)}{p(x)p(z)} \tag{2.9}$$

で与えられる．2つの確率変数の情報が似ているとき，それらの相互情報量

は大きな値をとる．ここでは，X として s_t の値，Z として $s_{t+\tau}$ の値を考える．そして，観測量 s_t をたとえば 32 個の等確率の区間に分けて離散化して，式 (2.9) の相互情報量を求める．そして，時間遅れ τ を変化させたときに，相互情報量の最初の極小値に相当する τ の値を適切な時間遅れとして選ぶ．最初の極小値を適切な時間遅れとして選ぶ理由は，s_t と $s_{t+\tau}$ ができるだけ独立した情報を表現していて，なおかつ，ダイナミクスとしては関連性を持っているように τ をなるべく小さな値に選びたいという要請である．後者の条件は，カオス力学系の場合には，τ が大きくなるにつれて s_t と $s_{t+\tau}$ は初期値鋭敏依存性によって決定論的関係性を次第に失い，力学系の座標軸としては不適切になるからである．

2.3.2 最小の埋め込み次元の推定

適切な時間遅れを選んだのち，適切な埋め込み次元を推定する．適切な埋め込み次元の推定としては，一般的な手法として，誤り近傍法がある．この手法では，まず，小さな時間遅れ座標の次元（1 次元）から計算を始める．現在の時間遅れ座標の次元を用いて，それぞれの点に対し最近傍点を探し，その距離を計算する．そして，時間遅れ座標の次元を 1 つ上げたとき，近傍点との距離がどれだけ増えたかを計算することを，次元を逐次的に上げながら繰り返す．もしも，埋め込み次元を上げたときに，距離が不自然に大きくなるような点があれば，それを誤り近傍点とする．もしも，現在の埋め込み次元が適切であれば，埋め込み次元を上げても距離は不自然に大きくならない．つまり，埋め込み次元を上げたときに，距離が不自然に大きくなるのは，アトラクタの次元に比べて埋め込み次元が十分大きくないためにその次元の空間では疑似的に近傍になっているからである．

数学的には，誤り近傍点を以下のように定義する (Kantz and Schreiber, 2004)．1 次元の時系列データが $\{s_t : t = 1, 2, \ldots, T\}$ と与えられているとする．現在の埋め込み次元を d とする．そして，そのときのそれぞれの時刻 t の時間遅れ座標 $\vec{s}_t(d) = (s_t, s_{t+\tau}, \ldots, s_{t+(d-1)\tau})$ に対して d 次元での最近傍点の時刻 $n(t, d)$ を

$$n(t,d) = \min_{u \neq t} ||\vec{s}_t(d) - \vec{s}_u(d)|| \qquad (2.10)$$

と決める．そして，

$$\sigma(\{s_t\}) > r||\vec{s}_t(d) - \vec{s}_{n(t,d)}(d)|| \qquad (2.11)$$

となり，かつ，

$$\frac{||\vec{s}_t(d+1) - \vec{s}_{n(t,d)}(d+1)||}{||\vec{s}_t(d) - \vec{s}_{n(t,d)}(d)||} > r \qquad (2.12)$$

となるとき，$n(t,d)$ は，t に対して誤り近傍と定義する．ここで，$\sigma(\{s_t\})$ は，時系列 $\{s_t\}$ の標準偏差である．つまり，式 (2.11) は d 次元の埋め込み空間で $\vec{s}_t(d)$ と $\vec{s}_{n(d,t)}(d)$ の距離が十分近いかどうか，式 (2.12) は次元を上げたときに距離が r 倍以上大きくなるかどうかを調べている．これを，$t = 1, 2, \ldots, T - (d-1)\tau$ に関して計算し，誤り近傍の割合を計算する．次に，d を 1 から順に大きくしながら繰り返し計算する．本手法では，このように定義される誤り近傍点の割合が，十分小さいとき（たとえば 1% を下回るときに），埋め込み次元が適切であると判断する．

2.3.3　解析例

　先ほどのローレンツモデルとレスラーモデルの例を使って，適切な時間遅れと埋め込み次元を決めてみよう．

　まずは，ローレンツモデルでは，相互情報量の最初の極小値によって時間遅れ 0.16 が選ばれた（図 2.3(a)）．また，この時間遅れを利用して誤り近傍法を使い，埋め込み次元が 3 であればアトラクタが十分再構成できるということがわかった（図 2.3(b)）．この時間遅れと埋め込み次元を用いて，時間遅れ座標を構成すると，図 2.4 のようなアトラクタが再構成される．図 2.1(a) と比較してわかるように，アトラクタの点がうまく 1 対 1 に対応するような状態空間が再構成されていることが視覚的にわかる．

　レスラーモデルでは，相互情報量の最初の極小値より時間遅れ 1.3 が選ばれた（図 2.5(a)）．この時間遅れを利用して，誤り近傍法を使って埋め込み次元 3 を決めた（図 2.5(b)）．このようにパラメータを選ぶと，図 2.6 のよ

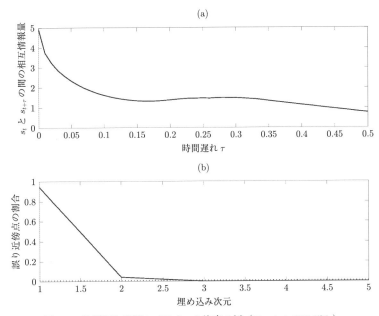

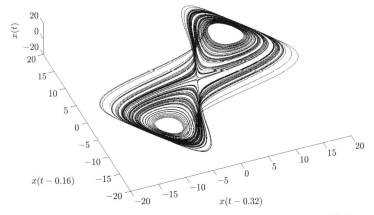

図 2.3 時間遅れ座標のパラメータ決定の例（ローレンツモデル）.

図 2.4 図 2.3 で決定したパラメータの時間遅れ座標を利用して再構成したローレンツモデルのアトラクタ.

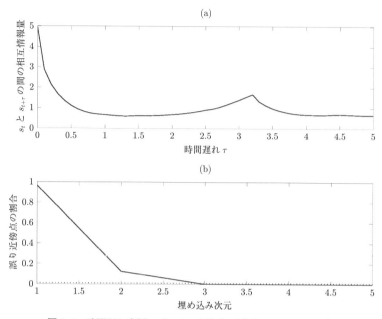

図 2.5　時間遅れ座標のパラメータ決定の例（レスラーモデル）.

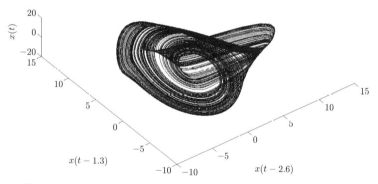

図 2.6　図 2.5 で決定したパラメータの時間遅れ座標を利用して再構成したレスラーモデルのアトラクタ.

うにアトラクタが綺麗な形で再構成できている.

参考文献

合原一幸 編，池口 徹，山田泰司，小室元政，『カオス時系列解析の基礎と応用』，産業図書 (2000).

V. Caballero, On an embedding theorem, Acta Math. Hungar. 88, 269-278 (2000).

E. R. Deyle and G. Sugihara, Generalized theorems for nonlinear state space reconstruction, PLoS One 6, e18295 (2011).

A. M. Fraser and H. L. Swinney, Independent coordinates for strange attractors from mutual information, Phys. Rev. A 33, 1134-1140 (1986).

Y. Hirata, H. Suzuki, and K. Aihara, Reconstructing state spaces from multivariate data using variable delays, Phys. Rev. E 74, 026202 (2006).

J. P. Huke and D. S. Broomhead, Embedding theorems for non-uniformly sampled dynamical systems, Nonlinearity 20, 2205-2244 (2007).

K. Judd and A. Mees, Embedding as a modeling problem, Physica D 120, 273-286 (1998).

H. Kantz and T. Schreiber, Nonlinear Time Series Analysis, Cambridge University Press, Second Edition, 2004.

M. B. Kennel, R. Brown, and H. D. I. Abarbanel, Determining embedding dimension for phase-space reconstruction using a geometrical construction, Phys. Rev. A 45, 3403-3411 (1992).

E. N. Lorenz, Deterministic nonperiodic flow, J. Atmos. Sci. 20, 130-141 (1963).

松本幸夫，『多様体の基礎』，東京大学出版会 (1988).

L. Noakes, The Takens embedding theorem, Int. J. Bifurcat. Chaos 1, 867-872 (1991).

N. H. Packard, J. P. Crutchfield, J. D. Farmer, and R. S. Shaw, Geometry from a time series, Phys. Rev. Lett. 45, 9, 712-716 (1980).

O. E. Rössler, An equation for continuous chaos, Phys. Lett. 57A, 397-398 (1976).

T. Sauer, J. A. Yorke, and M. Casdagli, Embeddology, J. Stat. Phys. 65, 579-615 (1991).

J. Stark, Delay embeddings for forced systems. I. Deterministic forcing, J. Nonlinear Sci. 9, 255-332 (1999).

J. Stark, D. S. Broomhead, M. E. Davies, and J. Huke, Delay embeddings for forced systems. II. Stochastic forcing, J. Nonlinear Sci. 13, 519-577 (2003).

F. Takens, Detecting strange attractors in turbulence, In D. A. Rand and B. S. Young eds., Dynamical Systems of Turbulence, Lecture Notes in Mathematics, Vol.898, pp.366-381, Springer (1981).

時系列データのカオス的特徴

本章では，カオス時系列解析で重要となる，相関次元の推定手法と最大リ
ヤプノフ指数の推定手法を取り上げる．相関次元は，アトラクタの自己相似
構造を特徴づける手法で，カオス解では一般に整数ではない実数の次元とし
て与えられる．最大リヤプノフ指数は，2つの近傍にある軌道が平均的にど
のくらいの指数関数的な速さで離れていくかを特徴づける量である．

- 学習目標 ：力学系から生成された時系列データの相関次元と最大リヤ
  プノフ指数が推定できるようになる．

- キーワード：決定論的カオス，相関次元，最大リヤプノフ指数

3.1 | 決定論的カオスの典型的性質

第1章で，決定論的カオスが持つ性質について学習した．そのなかで典
型的な性質として，自己相似構造と初期値鋭敏依存性があった．自己相似構
造とは，アトラクタの一部分を拡大して見てみると，全体とよく似た構造を
持っている，言い換えると，アトラクタ全体を縮小した部分から全体が構成
されているという特徴であった．初期値鋭敏依存性とは，アトラクタ上で2
つの初期点をどんなに近くに選んでも，まったく等しくない限りは，その2
つの初期点からの軌道は，ある時間の後に必ず一定以上の距離離れるという
性質であった．この章では，自己相似構造と初期値鋭敏依存性を特徴づける
2つの指標を導入する．自己相似構造を特徴づけるのは，相関次元である．
初期値鋭敏依存性を特徴づけるのは，最大リヤプノフ指数である．

3.2 相関次元

相関次元は，Grassberger と Procaccia (1983) によって提案された．相関次元のポイントは，距離が r よりも小さな 2 つの点の対の数が r^D に比例することである．この D が相関次元である．もう少し詳しく数学的に定義する．$v_t(t = 1, 2, \ldots, T)$ を（埋め込みをした）状態点の時系列であるとする．θ をヘビサイド (Heaviside) 関数，つまり，

$$\theta(x) = \begin{cases} 1, & x > 0 \text{ のとき,} \\ 0, & \text{それ以外,} \end{cases} \tag{3.1}$$

と定義する．このとき，相関和（相関積分とも呼ばれる）は，

$$C(r) = \frac{1}{T^2} \sum_{i,j=1}^{T} \theta(r - ||v_i - v_j||) \tag{3.2}$$

で与えられる．このとき，r が十分小さいところで，

$$C(r) \propto r^D \tag{3.3}$$

という関係が成り立つ．$C(r)$ の対数をとると，r が十分小さいところで，

$$\log C(r) = c_0 + D \log r \tag{3.4}$$

となる．このとき，D の値が相関次元である．ここで，c_0 は式 (3.3) の比例係数に関する項である．

計算の例を図 3.1 で見てみよう．ここでは，エノン写像を例にとる．この例では，r の広い区間で，式 (3.4) にしたがってスケーリングしている領域が存在する．このときの傾きは，1.21 であり，1 と 2 の間の非整数の実数次元となっていることがわかる．

相関次元を求める場合には，十分長い時系列データが必要になる．Ruelle (1990) は，時系列の長さ N から求めることができる相関次元の大きさの最大値として，次のような式を求めた：

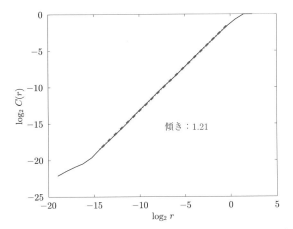

図 3.1 相関次元推定の例（エノン写像の場合）. 対数の底は, 縦軸, 横軸ともに 2.

$$D \leq 2 \log_{10} N. \tag{3.5}$$

この式を変形すると, 相関次元 D を推定するために必要な時系列データの長さの最小長が次のように求まる:

$$N \geq 10^{\frac{D}{2}}. \tag{3.6}$$

必要な時系列の長さは指数関数的に長くとる必要があるので, この条件は, たとえば次元が大きいと考えられる気象変動のような現象に対して, たかだか数十年の観測データから相関次元を推定することの難しさを示唆している.

3.3 │ 最大リヤプノフ指数

最大リヤプノフ指数は, 2 つの近傍点を初期条件とする 2 つの軌道が, 時間の経過とともにどのくらい速く指数関数的に離れていくかを示す量である. v_i に対して最近傍点 v_{i_j} を選んだとする ($j = 1, 2, \ldots, J$, つまり, J 個の近傍点). このとき, 2 点間の距離は, $\delta_0 = ||v_i - v_{i_j}||$ と書ける.

この2点間の距離が時間発展とともにどのように大きくなっていくか考える．決定論的カオスである場合，t ステップ後の2点間の距離は，一般に指数関数的に大きくなっていく性質があるので，係数 k を用いて，

$$\sigma_t = ||v_{i+t} - v_{i_j+t}|| \approx 2^{kt}\sigma_0 = 2^{kt}||v_i - v_{i_j}|| \tag{3.7}$$

と変化していくと考えられる．この関係を用いて，Rosenstein ら (Rosenstein *et al.*, 1993) や Kantz (Kantz, 1994) は，最大リヤプノフ指数を推定する手法を提案した．

式 (3.7) の対数をとると，

$$\log_2 ||v_{i+t} - v_{i_j+t}|| \approx \log_2 \sigma_0 + kt \tag{3.8}$$

となる．つまり，$\log_2 ||v_{i+t} - v_{i_j+t}||$ は，時間 t に対して線形で増加していくと考えられる．そこで，$\log_2 ||v_{i+t} - v_{i_j+t}||$ の i と i_j に関する平均をとって，

$$\langle \log_2 ||v_{i+t} - v_{i_j+t}|| \rangle_{i,j} \tag{3.9}$$

とする．最大リヤプノフ指数を求めるには，式 (3.9) を t の関数としてプロットし，スケーリング領域を見つけ，その傾きを求めればよい．

対象が決定論的なシステムの場合，最大リヤプノフ指数が正であることが，決定論的カオスの証拠となる．

ここでも例として，エノン写像を用いてみよう（図 3.2）．この例では，10 ステップ先ぐらいまでの範囲で，式 (3.8) のようにスケーリングしている領域があることがわかる．このときの傾きは，対数の底を2としたとき，0.61 (bits/observation) となった．つまり，1回の観測あたり，平均 0.61 bits 分の情報が生成される程度の軌道不安定性があることがわかる．

3.4 │ 相関次元と最大リヤプノフ指数の問題点

相関次元と最大リヤプノフ指数は決定論的カオスを特徴づける重要な指標として広く用いられているが，それぞれ問題点がある．相関次元を求める

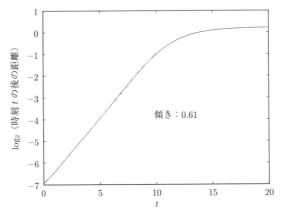

図 3.2　最大リヤプノフ指数推定の例（エノン写像の場合）．縦軸の対数の底は 2.

場合でも，最大リヤプノフ指数を求める場合でも，スケーリング領域を決めなければならない．このスケーリング領域を決めるときに恣意性が入る可能性があり，信頼性にやや欠ける多くの論文が過去に出版された．また，相関次元を正しく推定するためには，原理的にたいへん長い時系列データが必要になる．特に，高次元の対象に対しては，より長い時系列データが必要であるが，このような長い定常時系列データが利用可能な場合はまれである．一方，最大リヤプノフ指数は，確率的な対象から発生させた時系列データでも正の値を示すことがありうる (Tanaka *et al.*, 1998)．そのため，第 6 章で導入するような，サロゲートデータなどを使って，決定論的カオスの前提条件である非線形性や決定論性を検定する手法が必要となる．

参考文献

P. Grassberger and I. Procaccia, Characterization of strange attractors, Phys. Rev. Lett. 50, 346-349 (1983).

K. Judd, An improved estimator of dimension and some comments on providing confidence intervals, Physica D 56, 216-228 (1992).

K. Judd, Estimating dimension from small samples, Physica D 71, 421-429 (1994).

H. Kantz, A robust method to estimate the maximal Lyapunov exponent of a time series, Phys. Lett. A 185, 77–87 (1994).

M. T. Rosenstein, J. J. Collins, and C. J. De Luca, A practical method for calculating largest Lyapunov exponents from small data sets, Physica D 65, 117–134 (1993).

D. Ruelle, Deterministic chaos: the science and the fiction, Proc. R. Soc. London, A, 427, 244–248 (1990).

M. Sano and Y. Sawada, Measurement of the Lyapunov spectrum from a chaotic time series, Phys. Rev. Lett. 55, 1082–1085 (1985).

T. Tanaka, K. Aihara, and M. Taki, Analysis of positive Lyapunov exponents from random time series, Physica D 111, 42–50 (1998).

D. Yu, M. Small, R. G. Harrison, and C. Diks, Efficient implementation of the Gaussian kernel algorithm in estimating invariants and noise level from noisy time series data, Phys. Rev. E 61, 3750–3756 (2000).

第4章 リカレンスプロット

本章では，時系列データの動力学構造を2次元平面上で可視化する，適用範囲の広い手法であるリカレンスプロットについて取り上げる．リカレンスプロットを解析することで，時系列データを生み出した元の力学系のさまざまな性質を特徴づけることができる．また，リカレンスプロットを用いて，観測している力学系に加わったゆっくりと時間変化する外力を再構成することができる．

- 学習目標：リカレンスプロットを見て，力学系の特徴がつかめるようになる．

- キーワード：リカレンスプロット，系列相関，決定論的カオス，外力の再構成

4.1 リカレンスプロットの定義

リカレンスプロットは，1987年に Eckmann らによって提案された (Eckmann *et al.*, 1987)．リカレンスプロットは，元々は時系列情報を可視化するための2次元平面図である．縦軸，横軸ともに同じ時間軸である．縦軸，横軸のある2つの時刻の組に対して，対応する各々の時刻の状態の距離を計算し，その距離がしきい値以下であれば対応する平面図上に点を打ち，そうでなければ点を打たないことによってリカレンスプロットを得ることができる．

より数学的にリカレンスプロットを定義しよう．通常の時系列データや時

間遅れ座標ベクトルの時系列データが $\{x_i \in M | i = 1, 2, \ldots, I\}$ で与えられているとする．また，$d : M \times M \to \mathbb{R}^+ \cup \{0\}$ を空間 M 上の距離関数，ε を距離のしきい値とする．そのとき，リカレンスプロット R は以下のように定義できる．

$$R(i, j) = \begin{cases} 1, & d(x_i, x_j) < \varepsilon \text{ のとき}, \\ 0, & \text{それ以外}, \end{cases} \tag{4.1}$$

ここで，$\varepsilon > 0$ である．$R(i, j) = 1$ のとき，平面図の (i, j) に点を打ち，$R(i, j) = 0$ のとき，(i, j) には点を打たない．

　簡単な例として，典型的な時系列データのリカレンスプロットの例を図4.1 に示す．確率現象であるホワイトノイズのリカレンスプロットでは，点が不規則に一様に広がる（図 4.1 左下）．それに対して，周期的変動を繰り返す正弦波のリカレンスプロットでは，点が周期の大きさだけ離れた右上がりの斜めの線分群が見られる（図 4.1 中央下）．また，この場合，時間遅れ座標を取っていないので，右下がりの斜めの線分群も同時に存在する．決定論的カオスの典型例であるロジスティック写像 $(x_{t+1} + 3.8x_t(1 - x_t))$ のリカレンスプロットでは，右上がりの斜めの短い線分が多く見られるリカレンスプロットが得られる（図 4.1 右下）．これは，ロジスティック写像のアトラクタ内では十分近い2つの初期点から得られる解は，しばらくは近くに留まるためである．

　このように，リカレンスプロット上の斜めの線分は決定論性と関係していて，線の間隔は周期と関係している．

4.2 リカレンスプロットに含まれる情報の定量化

　リカレンスプロットの点のパターンを定量化するさまざまな手法が提案されている (Zbilut and Webber, 1992; Webber and Zbilut, 1994; Marwan *et al.*, 2002)．これらの定量化のうち，DET と呼ばれる量は斜めの線分群をなす点の割合，リカレンスレート (recurrence rate) は打たれている点の場所の割合である．この2つの量，DET とリカレンスレートは，相関次元を求

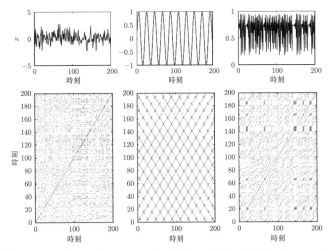

図 4.1　リカレンスプロットの例. 左からホワイトノイズ, 正弦波, ロジスティック写像（決定論的カオス）. 上段が時系列データで, 下段がそのリカレンスプロット.

めるときに出てくる相関和（式 (3.2)）と密接に関係していることが知られている (Grendár *et al.*, 2013).

　図 4.1 で見たように, リカレンスプロットには対象のダイナミクスの特徴が反映されていることがわかる. リカレンスプロットの定量化が相関和と関係している (Grendár *et al.*, 2013) ので, リカレンスプロットから相関次元や相関エントロピーを求めることもできる (Faure and Korn, 1998; Thiel *et al.*, 2004). 実際に, 元の時系列データが多次元の時系列データであっても, リカレンスプロットから元の時系列データの概形を復元することができる (Hirata *et al.*, 2008). その手法を見ていこう.

　まず, リカレンスプロットをグラフに変形する. そのとき, グラフの頂点はリカレンスプロットの時間点に対応し, 枝はリカレンスプロット上での点に対応する. たとえば, 時刻 i と時刻 j の状態間にリカレンスプロット上で点が打たれていれば, グラフ上の頂点 i と頂点 j を枝で結ぶ. そして, その枝に対して, 次式で定義されるような擬距離を割り当てる.

$$\tilde{d}(i,j) = 1 - \frac{|G_i \cap G_j|}{|G_i \cup G_j|}. \tag{4.2}$$

ここで，G_i はリカレンスプロットの i 行目に打たれている点の時間インデックスの集合，つまり，$G_i = \{j \in \{1, 2, \ldots, I\} | R(i,j) = 1\}$，$|A|$ は集合 A の要素数を示す．$G_i \cap G_j$ は G_i と G_j の積集合，$G_i \cup G_j$ は G_i と G_j の和集合を表す．

2つ目のステップとして，グラフ上の頂点間の最短路をすべての頂点のペアに対して求める．そのようにして，距離行列を得る．たとえば，このステップでは，ダイクストラ法 (Dijkstra, 1959) を用いることができる．

3つ目のステップとして，多次元尺度構成法 (Gower, 1966) を用いて，距離行列を保存するような空間上の点配置を探す．このようにして再構成された時系列データは元の時系列データの特徴をよく抽出することがわかっている．この手法は，4.6で外力の再構成にも利用する（数学的証明に関しては，Hirata *et al.* (2015) と Khor and Small (2016) を参照）．

このように，リカレンスプロットは単純な操作で得られるが，変数の定量的スケール以外のダイナミクスに関するほとんどの情報がリカレンスプロットには含まれている．

リカレンスプロットから元の時系列の概形を復元する例を見てみよう．ここでは，池田写像を用いる．池田写像は次の式で定義される．

$$\begin{pmatrix} x_{t+1} \\ y_{t+1} \end{pmatrix} = \begin{pmatrix} 1 + a(x_t \cos\theta_t - y_t \sin\theta_t) \\ a(x_t \sin\theta_t + y_t \cos\theta_t) \end{pmatrix},$$

$$\theta_t = 0.4 - b/(1 + x_t^2 + y_t^2),$$

$$a = 0.9,$$

$$b = 6.0.$$

各時刻 t で，x_t と y_t の2次元の値が得られるとして，それを2次元のユークリッド距離を用いてリカレンスプロットに変換して，そこから上記の手法によって時系列を再構成する．そのときに再構成された時系列データを図4.2に示す．2つの時系列とも概形がよく再現されていることがわかる．こ

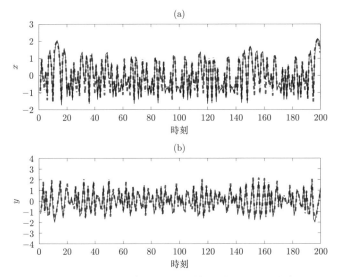

図 4.2 元の時系列データ（グレーの破線）と復元された時系列データ（黒の実線）．池田写像の例．

のように，上記の手法は，元の時系列の次元が複数次元であっても機能するアルゴリズムになっている．

4.3 系列相関

リカレンスプロットにはダイナミクスに関するほとんどの情報が含まれているので，リカレンスプロットを詳細に解析すると，対象のダイナミクスのさまざまな性質を理解できる．その典型的な性質が，系列相関と決定論的カオスである．

系列相関とは，時系列データ上の連続する時間点の値同士が持っている相関のことである．系列相関を見るためには，リカレンスプロット上の斜めの線分の統計的性質を調べればよい (Hirata and Aihara, 2011)．リカレンスレートを p とする．このとき，もしも系列相関がなければ，点が斜めに 2 つ並ぶ確率は，p^2 になる．今，点が 2 つ並びうる場所は，リカレンスプ

ロットの上三角の部分で，$m_d = \frac{1}{2}(I-1)(I-2)$ 個ある．よって，確率 p^2，試行回数 m_d 回の2項分布を用いると，m_d が十分大きく，系列相関がないとき，点が2つ斜めに並ぶ数の期待値は $m_d p^2$，標準偏差は $\sqrt{m_d p^2 (1-p^2)}$ となる．実際に2つ斜めに点が並んでいる数を m とすると，$\frac{m-m_d p^2}{\sqrt{m_d p^2 (1-p^2)}}$ が平均 0，標準偏差 1 の正規分布に従うかどうかを検定することで，系列相関の有無を確かめることができる．

4.4 決定論的カオスとリカレンスプロット

また，リカレンスプロットを詳細に観察することで，Devaney (1989) の意味での決定論的カオスの定義を調べることができる．まずは，Devaney の意味での決定論的カオスの定義を復習しておこう．Devaney は，力学系が位相推移性を持っていて，周期解がアトラクタ上で稠密に存在し，初期値鋭敏依存性があるときに，力学系が決定論的カオスであると定義した (Devaney, 1989).

次に数学的にこれら3つの性質を表現する．

⑴ 力学系 $f : M \to M$ があるとする．2つの任意の開集合 $U, V \subseteq M$ に対して，自然数 k が存在して，$U \cap f^k(V) \neq \phi$，つまり，U と $f^k(V)$ が空ではない交わりを持つとき，位相推移性があると定義する．

⑵ 周期解がアトラクタ M 上で稠密とは，任意の空でない開集合 $U \subseteq M$ には，$f^q(x) = x$ を満たす（ある周期 q の）周期解 $x \in U$ が少なくとも1つあることである．

⑶ 初期値鋭敏依存性とは，ある $\delta > 0$ が存在し，任意の $x \in M$ の任意の開近傍 N_x に対して，$y \in N_x$ を取ってくることができて，ある自然数 k に対して，$\|f^k(x) - f^k(y)\| > \delta > 0$ となることである．

この Devaney の決定論的カオスの定義では，任意の開集合や開近傍が使われているので，そのままでは，リカレンスプロットに応用することはできない．しかし，任意の開集合のところを，リカレンスプロットを求めるときに使う任意の近傍 $U_j = \{x_i | d(x_i, y_i) < \varepsilon\}$ で置き換えることで，条件を緩

和できる. つまり, 2つの任意の U_i と U_j に対して, $U_i \cap f^k(U_j) \neq \phi$ となる自然数 k が存在するときに, r-位相推移性があると定義する. 任意の U_i に周期解が少なくとも1つ含まれているとき, 周期解が r-稠密であると定義する. また, 初期値鋭敏依存性を緩和した条件である r-初期値鋭敏依存性は, $0 < l \leq \frac{I}{2}$ で, $R(i, i+l) = 0$ となる時間点 i が存在すると定義する.

r-位相推移性, 周期解の r-稠密性, r-初期値鋭敏依存性は, リカレンスプロットに打たれた点のパターンを調べることでわかる. たとえば, r-位相推移性は, 次のような条件と等価であることがわかっている (Hirata and Aihara, 2010):

$$\min_i \max_j \{j | R(i, j) = 1\} < \max_i \min_j \{j | R(i, j) = 1\}.$$

周期解の r-稠密性は, 次のようにして判断できる. 周期解が存在する周期 l では, $\{R(i, i+l), i = 1, 2, \ldots, I-l\}$ の直線上で, 点が連続して打たれたり, 空白が連続したりすると考えられる. この直線上で, 点が打たれている割合を $r(l)$ とする. そうすると, この直線上で, 点が打たれたり, 打たれなかったりする切り替えの場所の数の期待値と標準偏差は, 点がランダムに打たれているとすると $2(I - l - 1)r(l)(1 - r(l))$ と $\sqrt{2(I - l - 1)r(l)(1 - r(l))(1 - 2r(l)(1 - r(l)))}$ である. 実際の切り替えの数を m_l とするとき, $\frac{m_l - 2(I - l - 1)r(l)(1 - r(l))}{\sqrt{2(I-l-1)r(l)(1-r(l))(1-2r(l)(1-r(l)))}}$ が平均 0, 標準偏差 1 の正規分布に従うという帰無仮説が棄却できるかどうかを判断すればよい. もしも, 帰無仮説が棄却できるとき, $P_l = \{i | R(i, i+l) = 1\} \cup \{i | R(i - l, i) = 1\}$ のインデックスに対応する点の周辺には, 周期 l の周期解が少なくとも1つ存在すると考えられる. 帰無仮説が棄却できないときには, $P_l = \Phi$ と定義する. そして, $U_{l=1}^{l-1} P_l = \{i | i = 1, 2, \ldots, l\}$ となるとき, すべての時間点で少なくとも1つの周期解が存在するので, 周期解の r-稠密性が満たされると考える.

r-初期値鋭敏依存性は, 定義に従って, すべての $0 < l < \frac{I}{2}$ に対して, $R(i, i+l) = 0$ となる $0 < i < I - l$ が1つでも存在することを確認すればよい.

図 4.1 の例でそれぞれの条件を確認してみよう. ホワイトノイズの例では, 周期解が r-稠密ではない. 正弦波の例では, r-初期値鋭敏依存性を満たさない. それに対して, ロジスティック写像では, r-位相推移性, 周期解の r-稠密性, r-初期値鋭敏依存性のすべてが満たされているので, Devaney の意味での決定論的カオスと整合的になっている.

4.5 | 外力の再構成

外力の再構成は, 外力が加わったシステムの埋め込み定理 (Stark, 1999) と 4.2 節で議論したリカレンスプロットから時系列の概形を復元する手法を組み合わせることで得られる.

外力が加わったシステムの埋め込み定理は, 第 2 章で議論した Takens の埋め込み定理の拡張である. 直感的には, 外力を生成する力学系と, その外力に影響を受ける力学系があるとき, 外力に影響を受ける力学系の時間遅れ座標系を構成することにより, 外力の力学系の状態と, 外力に影響を受ける力学系の状態を同時に再構成するものである.

外力の埋め込み定理は, 数学的には, 次のように記述できる. M と N をそれぞれ m 次元と n 次元の多様体とする. 外力の力学系 $f : M \to M$ と, 外力に影響を受ける力学系 $g : M \times N \to N$ があるとする. そして, 外力を受ける力学系から 1 次元の観測 $h : N \to \mathbb{R}$ が得られるとする. このとき, 時間遅れ座標は数学的には,

$$\Phi_{f,g,h}(x,y) = (h(g^{(0)}(x,y)), h(g^{(1)}(x,y)), \ldots, h(g^{(d-1)}(x,y))),$$
$$g^{(i+1)}(x,y) = g(f^i(x), g^{(i)}(x,y)), g^{(0)}(x,y) = y,$$

と定義できる. ここで, $x \in M$, $y \in N$ である. このとき, d を埋め込み次元と呼ぶ. もしも周期が $2d$ よりも小さい g の周期解が孤立していて, 異なる固有値を持っているとき, $d \geq 2(m+n)+1$ であれば, $\Phi_{f,g,h}(x,y)$ が埋め込み, つまり, $\Phi_{f,g,h}$ が $M \times N$ 上で 1 対 1 でかつ, $\Phi_{f,g,h}(x,y)$ の微分も 1 対 1 になっている (g, h) の集合は, 開集合で稠密になっている.

重要なのは, 時間遅れ座標 $\Phi_{f,g,h}(x,y)$ と (x,y) の組が 1 対 1 に対応する

ということである．つまり，外力を受けるシステムの時間遅れ座標が近ければ，外力も近い状態にあるということである（この性質自身は外力変化の速さによらない）．しかし，x が近くても，y が遠いとき，時間遅れ座標 $\Phi_{f,g,h}(x,y)$ は遠くなる．したがって，時間遅れ座標のリカレンスプロットのしきい値を十分小さくとると，(x,y) のリカレンスプロットと同等のリカレンスプロットが得られる．時間遅れ座標のリカレンスプロットは，外力自身のリカレンスプロットの部分集合である（つまり，時間遅れ座標のリカレンスプロットは，外力自身のリカレンスプロットによって覆うことができる）．よって，x の時間スケールが y の時間スケールよりもゆっくりであるとき，時間遅れ座標のリカレンスプロットを粗視化して外力のリカレンスプロットを得ることができる．このとき，粗視化とは，$B \times B$ のブロックのなかに時間遅れ座標のリカレンスプロットの点が打たれるかどうかによって，打たれている場合にはそのブロックに 1，打たれていない場合にはそのブロックに 0 を割り当てるような $(I/B) \times (I/B)$ のリカレンスプロットのことである．このリカレンスプロットは，別名メタリカレンスプロット (Casdagli, 1997) と呼ばれている．このメタリカレンスプロットを時系列データに変換することでゆっくりと変化する外力の概形の再現ができる．

　最後に例を見てみよう．次のようなローレンツモデルによってエノン写像が駆動されている数理モデルを考える．

$$\frac{d}{dt} \begin{pmatrix} x \\ y \\ z \end{pmatrix} + 0.0025 \begin{pmatrix} -10(x-y) \\ -xz + 28x - y \\ xy - \frac{8}{3}z, \end{pmatrix}$$

$$\tilde{x}(t) = \frac{x(t) - \bar{x}}{\sigma_x},$$

$$w(t+1) + 1 - 1.2(1 + 0.05\tilde{x}(t))w(t)^2 + 0.3w(t-1).$$

ここで，$\bar{x}$ と σ_x は，x の平均と標準偏差である．このとき，$w(t)$ の観測から，ゆっくりと変動する外力 $x(t)$ を再構成してみよう．10 次元の時間遅れ座標を使って，0.2% の場所に打たれるような大きさのしきい値を選ぶ（つ

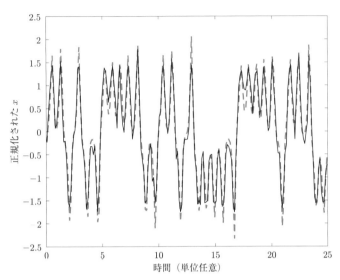

図 4.3　ゆっくりと変動する外力の復元の例（ゆっくりと変動するロー
レンツモデルによって駆動されるエノン写像を用いた）．グレーの破線が
元の外力，黒の実線がエノン写像の出力を用いて再構成された外力．

まり，リカレンスレートが 0.2% になるようにしきい値の大きさを調整す
る）．その後，50×50 の領域のなかに点が打たれていれば 1，そうでなけれ
ば 0 とするようなメタリカレンスプロットをとる．そして，4.2 節で議論し
た方法で，対応する時系列データを復元し，多次元尺度法の一番大きな固有
値に対応する成分を取り出す．そうすると，元の外力とよく似た外力が再構
成できる（図 4.3）．

参考文献

M. C. Casdagli, Recurrence plots revisited, Physica D 108, 12-44 (1997).

R. L. Devaney, An Introduction to Chaotic Dynamical Systems, Addison-Wesley, Reading, Masssachusetts (1989).

E. W. Dijkstra, A note on two problems in connection with graphs, Numerische Math. 1, 269-271 (1959).

J.-P. Eckmann, S. O. Kamphorst, and D. Ruelle, Reucrrence plots of dynamical systems, Europhys. Lett. 4, 973-977 (1987).

P. Faure and H. Korn, A new method to estimate the Kolmogorov entropy from recurrence plots: Its application to neuronal signals, Physica D 122, 265-279 (1998).

J. C. Gower, Some distance properties of latent root and vector methods used in multivariate analysis, Biometrika 53, 325-338 (1966).

M. Grendár, J. Majerová, and V. Špitalský, Strong laws for recurrence quantification analysis, Int. J. Bifurcat. Chaos 23, 1350147 (2013).

Y. Hirata, S. Horai, and K. Aihara, Reproduction of distance matrices and original time series from recurrence pots and their applications, Eur. Phys. J. Spec. Top. 164, 13-22 (2008).

Y. Hirata and K. Aihara, Devaney's chaos on recurrence plots, Phys. Rev. E 82, 036209 (2010).

Y. Hirata and K. Aihara, Statistical tests for serial dependence and laminarity on recurrence plots, Int. J. Bifurcat. Chaos 21, 1077-1084 (2011).

Y. Hirata, M. Komuro, S. Horai, and K. Aihara, Faithfulness of recurrence plots: A mathematical proof, Int. J. Bifurcat. Chaos 25, 1550168 (2015).

A. Khor and M. Small, Examining k-nearest neighbour network: Superfamily phenomena and inversion, Chaos 26, 043101 (2016).

N. Marwan, N. Wessel, U. Meyerfeldt, A. Schirdewan, and J. Kurths, Recurrence-plot-based measures of complexity and their application to heart-rate-variability data, Phys. Rev. E 66, 026702 (2002).

J. Stark, Delay embeddings for forced systems. I. Deterministic forcing, J. Nonlinear Sci. 9, 255-332 (1999).

M. Thiel, M. C. Romano, P. L. Read, and J. Kurths, Estimation of dynamical invariants without embedding by recurrence plots, Chaos 14, 234-243 (2004).

C. L. Webber Jr. and J. P. Zbilut, Dynamical assessment of physiological systems and states using recurrence plot strategies, J. Appl. Physiol. 76, 965-973 (1994).

J. P. Zbilut and C. L. Webber Jr., Embedding and delays as derived from quantification of recurrence plots, Phys. Lett. A 171, 199-203 (1992).

第5章 記号力学的アプローチを使った時系列データ解析

記号力学的な考え方を時系列解析に用いると，2つの点で長所がある．1つはとても単純だが元の力学系と等価な数理モデルが構成できることである．もう1つは計算が高速に精度よく行えることである．本章からは，発展的な話題を扱う．

- 学習目標：記号力学を使った時系列解析の考え方がわかる．

- キーワード：生成分割，エントロピーレート，パーミュテーション，定常性の検定

5.1 記号力学モデル

まずは単純な話から始めよう．図 5.1 のような 2 次関数の写像（ロジスティック写像）を考える．そのとき，2 次関数の頂点で区間を 2 つに分ける．そして，左側の区間に記号 0 を割り当て，右側の区間に記号 1 を割り当てる．

写像することによって，記号 0 に対応する区間や記号 1 に対応する区間に至るような集合を考える（図 5.2）．このような区間のことを preimage という．この preimage と 0 と 1 に対応する区間を合わせると，より細かい位置情報の記号が得られる．

Preimage のさらに preimages を集めてきて，区間をさらに細分化しよう（図 5.3）．この操作を繰り返すことによって，無限長の記号列と，区間上の 1 点をうまく 1 対 1 に対応させることができそうであることがわかる．つま

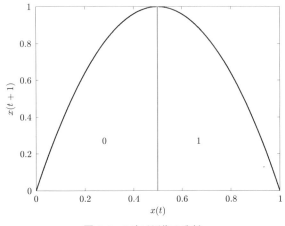

図 5.1　1 次元写像の分割.

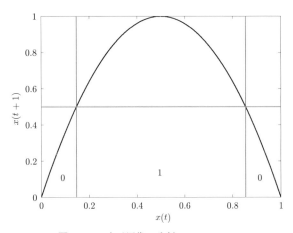

図 5.2　1 次元写像の分割の preimage.

り，次のようなダイアグラムが成り立つ：

$$
\begin{array}{ccc}
x_t & \xrightarrow{f} & x_{t+1} \\
\downarrow S & & \downarrow S \\
S(x_t) & \xrightarrow{\tilde{f}} & S(x_{t+1}).
\end{array}
$$

区間上の 1 点と無限長の記号列とを対応付ける関数 S が 1 対 1 だと逆が存

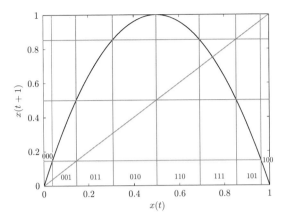

図 5.3 1 次元写像の分割の preimages.

在する．つまり，無限長の記号列から状態空間の 1 点を対応させ，状態空間上での関数 f を考え，また記号列に戻す合成写像 $\tilde{f} = s \circ f \circ s^{-1}$ を考えることができる．この関数 $\tilde{f}$ は，無限長の記号列上では，記号列を 1 つ左に動かすような関数になっている．

記号力学のより詳細な導入に関しては，Lind and Marcus (1996), Kitchens (1998), Hao and Zheng (2018) を参照いただきたい．また，記号力学を使うと，さまざまなことが単純に，しかも，厳密に評価できる．その典型例が，Kennel and Mees (2000) によって提案された定常性の検定の手法である．Kennel and Mees (2000) の手法では，文脈木 (context tree) の子供のノードにおける，次の記号の経験的な出現回数の分布を使って定常性を検定している．

5.2 生成分割

無限長の記号列と状態空間上の 1 点を対応付けできるような状態区間の分割のことを生成分割と呼ぶ．1 次元の有限区間上の連続で有限個の極値を持つ写像であれば，極値を使って区間を分割することで，無限長の記号列と空間上の 1 点を対応付けできる．無限長の記号列と状態空間上の 1 点が 1

対1に対応付けられればよいので，一般に生成分割は一意には決まらない．生成分割を使わないとき，何が起きるかに関しては，Bollt *et al.* (2001) に詳しくまとめられている．また，生成分割が，多次元の時系列データに対して推定される以前の研究は，Daw *et al.* (2003) に詳細にまとめられている．

2次元以上の写像に対して，生成分割を推定するアプローチは，大きく分けて3つある．

1つ目のアプローチは，安定な方向と不安定な方向が平行になるような場所を使って，状態空間を区切る手法である (Grassberger and Kantz, 1985)．この推定には，写像の方程式が必要になる．

2つ目のアプローチは，たくさんの不安定周期点を推定しておいて，これらの不安定周期点が無矛盾になるように記号を割り当てていく手法である (Davidchack *et al.*, 2000)．この手法では，周期の長い不安定周期点を大量に推定する必要がある．写像がなくてもある程度の周期までの不安定周期点を見つけることはできるが，周期が長くなると推定は困難になり，写像の情報が必要になってくる．

3つ目のアプローチは，時系列データから直接生成分割を推定するアプローチ (Kennel and Buhl, 2003; Hirata *et al.*, 2004; Buhl and Kennel, 2005) である．Kennel and Buhl (2003) では，分割を用いたときの誤り近傍が少なくなるように分割を動かしていく．それに対して，Hirata *et al.* (2004) では，部分記号列を与えたときの代表点を定義し，記号列全体を与えたときの代表点系列と実際の時系列の間の誤差を，記号列と代表点の位置に関して最小化していく．次の節ではこの手法に関して詳細に見ていこう．

5.3 ｜ 生成分割の推定

部分記号列の過去方向への長さを k，将来方向への長さを l とする．このとき，部分記号列の例は，$s_{-k+1}s_{-k+2}\ldots s_0 * s_1 s_2 \ldots s_l$ と書ける．ここで，$s_i \in A$，A は記号の集合とする．この部分記号列に対して，代表点 $r_{s_{-k+1}s_{-k+2}\ldots s_0 * s_1 s_2 \ldots s_l} \in R^m$ を対応させる．このようにすると，時系列データ $\{x_i | i = 1, 2, \ldots, l\}$ に対して，代表点の集合と記号列を与えると，

$\{r_{s_{-k+1+i}s_{-k+2+i}\ldots s_i * s_{i+1}s_{i+2}\ldots s_{i+l}}|i = 1, 2, \ldots, I\}$ を対応させることができる. したがって,時系列データを代表点の系列で近似するとき,

$$\sum_{i=1}^{I}(x_i - r_{s_{-k+i+1}, s_{-k+i+2}\ldots s_i * s_{i+1}s_{i+2}\ldots s_{i+l}})^2$$

で近似の精度を評価できる.この誤差を代表点の集合と記号列に対して最小化する次式を考えよう (Hirata *et al.*, 2004).

$$\min_{\{r_*\}, s_{-k+1}s_{-k+2}\ldots s_{I+l}} \sum_{i=1}^{I}(x_i - r_{s_{-k+i+1}, s_{-k+i+2}\ldots s_i * s_{i+1}s_{i+2}\ldots s_{i+l}})^2$$

これを,代表点の集合に関する最小化

$$\min_{\{r_*\}} \sum_{i=1}^{I}(x_i - r_{s_{-k+i+1}, s_{-k+i+2}\ldots s_i * s_{i+1}s_{i+2}\ldots s_{i+l}})^2$$

と,記号列に関する最小化

$$\min_{s_{-k+1}s_{-k+2}\ldots s_{I+l}} \sum_{i=1}^{I}(x_i - r_{s_{-k+i+1}, s_{-k+i+2}\ldots s_i * s_{i+1}s_{i+2}\ldots s_{i+l}})^2$$

を交互に解くことで求解する.代表点に関する最小化は最小2乗法の要領で簡単に求めることができる.つまり,2乗誤差を最小にするような代表点は,部分記号列が同じ点に関する平均になる.記号列に関する最小化は厳密に解こうとすると組み合わせ最適化問題になり,大変難しい.しかし,部分記号列の中央の記号 s_i がどの記号をとるべきかは,最も近い代表点の中央の記号が何であるかを調べれば近似的に推定することができる.この近似により,解が収束したとき,または,最初に決めた反復回数に達したとき,アルゴリズムを止める.さらに精度の高い生成分割を求めたい場合には,部分記号列の長さを長くして,同様の計算を繰り返せばよい.

この問題設定自身は,時系列が決定論的に生成されていても,確率論的に生成されていても成り立つものである (Hirata and Aihara, 2013).しかし,状態と記号列の1対1対応が達成されるという意味では,生成分割は,

ダイナミカルノイズが加わった対象では，存在しないことが知られている
(Crutchfield and Packard, 1983)．そのような場合には，次項で紹介するパ
ーミュテーションや，前章で紹介したリカレンスプロットが，重要な働きを
することがわかっている (Hirata *et al.*, 2020; Hirata, 2021)．

5.4 ┃ メトリックエントロピーの推定

　ある分割に関して，記号列を長くしていったときのシャノンエントロピー
の増加率をエントロピーレートと呼ぶ．分割が生成分割であるとき，その分
割を用いて求めたエントロピーレートは，分割に関してエントロピーレート
の上限値を取ったものに一致する．エントロピーレートの分割に関する上限
値のことをメトリックエントロピーと呼び，生成分割はメトリックエントロ
ピーを推定する際の有効な手段を与える．

　単純に計算することにより，生成分割を用いて求めたエントロピーレート
の増加率を計算することで，メトリックエントロピーを推定できる．もう少
し効率がよいのは，文脈木（図 5.4）を使って，マルコフ系列を近似する手
法である (Kennel and Mees, 2002; Hirata and Mees, 2003)．文脈木を使う
手法は，非常に手の込んだ方法であるため，ここでは，文脈木の手法が存在
することを紹介するだけに留める．興味のある読者は，ぜひ，Kennel and
Mees (2002) や Hirata and Mees (2003) の手法に挑戦してみてほしい．

　メトリックエントロピーを推定する手法としては，生成分割を使わない別
の手法が近年注目を集めている (Bandt and Pompe, 2002)．この手法では，
パーミュテーションと呼ばれる，1 次元の部分時系列データを小さい順に並
べたときの時間インデックスの並び方に注目する．この並び方に関するエン
トロピーレートを求めると，なんと生成分割を使わなくても，エルゴード的
な対象に対しては，メトリックエントロピーと一致する．代償としては，収
束の遅さがある．つまり，より長い部分時系列を考ええないとメトリックエ
ントロピーに収束しない．

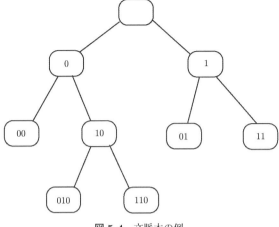

図 **5.4** 文脈木の例.

参考文献

C. Bandt and B. Pompe, Permutation entropy: A natural complexity measure for time series, Phys. Rev. Lett. 88, 174102 (2002).

E. M. Bollt, T. Stanford, Y.-C. Lai, and K. Zyczkowski, What symbolic dynamics do we get with a misplaced partition? On the validity of threshold crossings analysis of chaotic time-series, Physica D 154, 259–286 (2001).

M. Buhl and M. B. Kennel, Statistically relaxing to generating partitions for observed time-series data, Phys. Rev. E 71, 046213 (2005).

J. P. Crutchfield and N. H. Packard, Symbolic dynamics of noisy chaos, Physica 7D, 201–223 (1983).

R. L. Davidchack, Y.-C. Lai, E. M. Bollt, and M. Dhamala, Estimating generating partitions of chaotic systems by unstable periodic orbits, Phys. Rcv. E 61, 1353–1356 (2000).

C. S. Daw, C. E. A. Finney, and E. R. Tracy, A review of symbolic analysis of experimental data, Rev. Sci. Instrum. 74, 915–930 (2003).

P. Grassberger and H. Kantz, Generating partitions for the dissipative Hénon map, Phys. Lett. 113A, 235–238 (1985).

B. Hao and W.-m. Zheng, Applied Symbolic Dynamics and Chaos, Second edition, World Scientific (2018).

Y. Hirata and A. I. Mees, Estimating topological entropy via a symbolic data compression technique, Phys. Rev. E 67, 026205 (2003).

Y. Hirata, K. Judd, and D. Kilminster, Estimating a generating partition from observed time series: Symbolic shadowing, Phys. Rev. E 70, 016215 (2004).

Y. Hirata and K. Aihara, Estimating optimal partitions for stochastic complex systems, Eur. Phys. J. Spec. Top. 222, 303–315 (2013).

Y. Hirata, Y. Sato, and D. Faranda, Permutations uniquely identify states and unknown external forces in non-autonomous dynamical systems, Chaos 30, 103103 (2020).

Y. Hirata, Recurrence plots for characterizing random dynamical systems, Commun. Nonlinear Sci. Numer. Simulat. 94, 105552 (2021).

M. B. Kennel and A. I. Mees, Testing for general dynamical stationarity with a symbolic data compression technique, Phys. Rev. E 61, 2563–2568 (2000).

M. B. Kennel and A. I. Mees, Context-tree modeling of observed symbolic dynamics, Phys. Rev. E 66, 056209 (2002).

M. B. Kennel and M. Buhl, Estimating good discrete partitions from observed data: Symbolic false nearest neighbors, Phys. Rev. Lett. 91, 084102 (2003).

B. P. Kitchens, Symbolic Dynamics: One-sided, Two-sided and Countable State Markov Shifts, Springer (1998).

D. Lind and B. Marcus, An Introduction to Symbolic Dynamics and Coding, Cambridge University Press (1996).

第6章 非線形時系列解析における仮説検定

本章では，非線形時系列解析における統計的仮説検定の手法について学習する．1990 年頃から使われているサロゲートデータ解析では，帰無仮説に従って大量のランダムなデータを生成する．そして，生成されたランダムなデータと元のデータとを検定統計量を使って比較し，2 つの種類のデータ間に有意な違いがあるかどうかを調べる．有意な違いがある場合には，帰無仮説が棄却される．本章では，非線形時系列解析の文脈でよく用いられる 4 種類のサロゲートデータを紹介する．さらに，決定論性と確率論性を分ける仮説検定に関しても紹介する．

- 学習目標：サロゲートデータの概念を理解し，手法を使いこなせるようになる．時系列データの背後のダイナミクスが持つ決定論性と確率論性が区別できる．

- キーワード：仮説検定，サロゲートデータ，検定統計量，非線形性，確率論性

6.1 仮説検定

仮説検定 (hypothesis testing) とは，設定した仮説が棄却されるべきかどうかを，データから判断する統計的な手法のことである．ある仮説に従ったときの，検定対象となるデータが発生した確率を推定し，その確率が基準となる値（通常 1% とか 5% の値が用いられる）よりも小さければ，仮説は棄却される．基準となる値よりも大きいときには，仮説は棄却できない．

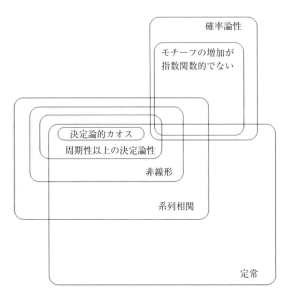

図 6.1 定常性と帰無仮説と決定論的カオスの包含関係.

仮説を棄却できるかどうかを問うので，仮説検定に用いる仮説のことを，帰無仮説 (null-hypothesis) と呼ぶ．基準となる値のことを有意水準 (significance level) という．

　非線形時系列解析で用いられる仮説検定は，大きく分けると 2 種類ある．1 つは，サロゲートデータ解析，もう 1 つは，決定論性と確率論性の検定である．以下で紹介する検定と定常性を合わせると，図 6.1 に示すような包含関係になっている．

6.2 サロゲートデータ解析

　サロゲートデータ解析は，非線形時系列解析における仮説検定である．サロゲートデータ解析の特徴は，帰無仮説を設定した後，帰無仮説に従うランダムなデータを大量に生成する点である．このランダムなデータのことをサロゲートデータと呼ぶ．

　1990 年頃からの非線形時系列解析の歴史のなかで，主に，次の 4 つの帰

無仮説に従うサロゲートデータの生成法が提案されて広く使用されてきている（詳細は，合原編 (2000) を参照）．

6.2.1 ランダム・シャッフル・サロゲート

1つ目の帰無仮説は，「与えられた時系列データには，系列相関がない」である．つまり，過去と将来の間にまったく因果関係がないということである．このような帰無仮説に従うサロゲートデータは，時系列の順序をランダムに入れ替えることで作ることができる (Scheinkman and LeBaron, 1989)．そのため，このサロゲートデータは，ランダム・シャッフル・サロゲートと呼ばれている．このサロゲートデータでは，時系列データの1次元上での観測値の分布が保存される．

6.2.2 フェーズ・ランダマイズド・サロゲート

2つ目の帰無仮説は，「対象とするダイナミクスは，線形確率ノイズである」である．この帰無仮説に従うサロゲートデータは，元の時系列データをフーリエ変換し，位相をランダム化し，逆フーリエ変換することで求めることができる．位相をランダム化するときに，時系列の前半の位相をランダム化し，後半の位相の部分は前半の位相の符合を逆向きにし，逆向きの順序で並べ替える．そうすることで，逆フーリエ変換したときに，サロゲートデータになる時系列データが実数値をとることが保証される．位相をランダム化するので，フェーズ・ランダマイズド・サロゲート (Theiler *et al.*, 1992) と呼ばれている．このサロゲートデータでは，パワースペクトラムが保存される．

6.2.3 イタレーティブ・アンプリチュード・アジャスティッド・フーリエ・トランスフォーム・サロゲート

3つ目の帰無仮説は，「観測した時系列データは，線形確率ノイズに単調な非線形変換を施したもの」である．2つ目のサロゲートデータの場合，時系列データの観測値の分布がガウス分布になってしまうが，この3つ目の帰無仮説に従うイタレーティブ・アンプリチュード・アジャスティッド・フ

ーリエ・トランスフォーム・サロゲートデータでは，パワースペクトラムが
ほぼ保存され，かつ時系列の 1 次元上での観測値の分布が完全に保存される．

どのようにして，このような巧妙なサロゲートデータを作るかというと，
まずは，元の時系列をフーリエ変換し，振幅の情報を保存しておく．次に，
1 つ目のサロゲートデータのように，元の時系列データをランダムに並べ替
える．(a) そして，この時系列データをフーリエ変換し，振幅の情報を元の
時系列データのものに置き換える．続いて，この系列を逆フーリエ変換し，
得られた時系列データをソートし，i 番目の点が j 番目の点よりも大きいか
どうかという順序の情報にする．そして，この順序の情報に従って，元の時
系列データを並べ替える．そして，得られた時系列データがフーリエ変換前
のものと一致すれば終了，そうでないときには，また，(a) に戻る．

このアルゴリズムは，Schreiber and Schmitz (1996) によって提案され
た．

6.2.4 偽ペリオディック・サロゲート

4 つ目の帰無仮説は，「時系列データには，擬周期性以上の決定論性がな
い」である．この帰無仮説に従うサロゲートデータを偽ペリオディック・サ
ロゲート (pseudo-periodic surrogates (Small *et al.*, 2001)) と呼ぶ．ノイズ
によって駆動される周期解と，決定論的カオスを区別しようというわけであ
る．

偽ペリオディック・サロゲートは，以下のようにして作ることができる．
まず，時系列データを時間遅れ座標を使って埋め込む．次に，初期点を 1
つ選ぶ．そして，初期点を時系列の 1 つ目の点として保存する．続いて，
時系列上で初期点の次の点を選び，その点の周りからガウス分布に従うよ
うにして 2 点目を選ぶ．この操作を時系列の長さが元の時系列の長さと同
じになるまで繰り返す．

このようにして作られた偽ペリオディック・サロゲートは，大まかな周期
的な振る舞いを保存しているが，アトラクタに見られる細かな（自己相似）
構造は潰されている．このようなサロゲートデータを用いると，ノイズによ
って駆動される周期解と，決定論的カオスが区別できる．

6.2.5　検定統計量

　元の時系列データとサロゲートデータを比較するために用いる統計量のことを，検定統計量と呼ぶ．検定統計量は，帰無仮説を特徴づける量以外の量であれば，基本的になんでもよい．統計量として，予測誤差，相関次元，最大リヤプノフ指数，リカレンスプロットを定量化した値，決定論性を特徴づける量などが使われる．

6.3　決定論性と確率論性を分ける検定

　決定論性と確率論性を分けるには，時系列データのなかに現れる小さなパターンであるモチーフの種類の数が，パターンの大きさを大きくしていったときに，指数関数的に増加するか否かを用いて検定する．モチーフの種類の数を数えるには，今までに紹介したパーミュテーションやリカレンスプロットのなかに現れる任意の正三角形の領域である再帰三角形（recurrence triangles; 図 6.2）を用いるのが適切である．直感的には，次のように説明できる．パーミュテーションや再帰三角形の可能なモチーフの数は，モチーフの大きさを大きくしていくとき，指数関数よりも速く増加する．しかし，パーミュテーションの場合，対象が決定論的で拡大的なとき，出現するパーミュテーションの種類の数は，指数関数的にしか増えない (Amigó and Kennel, 2007)．再帰三角形に関しても，対象が決定論的で拡大的で位相推移的なとき，出現する再帰三角形の数は，指数関数的にしか増えない (Hirata, 2021)．

　決定論的であれば，出現するパーミュテーションや再帰三角形の種類の数は，指数関数的に増加する．よって，モチーフの種類の指数関数的な増大は，決定論的な対象の特徴である．出現するパーミュテーションや再帰三角形の種類の数が，指数関数的に増えているかどうかは，それぞれのモチーフの種類の数の対数が，モチーフの大きさに対して，線形的に大きくなっているか，それとも，2 次関数的に大きくなっているかを，F 検定（松原ら，1991）を使って調べる (Hirata and Shiro, 2019; Hirata, 2021)．たとえば，再帰三角形の大きさ 3 から 6 までを使って，調べてみることにする．

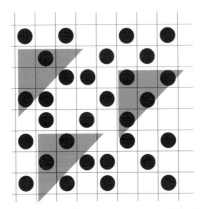

図 6.2　リカレンスプロットと，その中の3つの再帰三角形（グレーの
領域; 大きさ 4）の例.

このとき，再帰三角形の種類の数の対数を線形モデルを使ってフィッティン
グすると，自由度は2になる．一方，2次関数を使ってフィッティングする
ときの自由度は1である．よって，それぞれのモデルを当てはめたときの2
乗誤差の比を，自由度 (2,1) の F 分布を用いれば，再帰三角形の数が指数関
数的に増える，つまり，決定論的な場合を帰無仮説に設定して，確率論的な
場合を陽に取り出すことができるようになる．

　実際に検定に用いるときには，上記の定理の対偶を用いることになる．パ
ーミュテーションの例で述べると，与えられた時系列データのなかで出現す
るパーミュテーションの数が指数関数的に増えないとき，決定論的であるが
拡大的ではないか，もしくは，確率論的となる．拡大的かどうかという点に
関しては，初期値鋭敏依存性があるかどうかということと等価なので，第4
章で議論してきたように，リカレンスプロットを用いることで，簡単に確認
できる．よって，出現するパーミュテーションの種類の数が指数関数的には
増えていなくて，かつ，拡大的であるときには，確率論的である可能性だけ
が残る．たとえパーミュテーションの種類の数が，指数関数的に増えている
場合でも，必ずしも，決定論的であることを意味しないことに注意する必要
がある．たとえば，確率論的な入力の情報が各時間ステップで有限であるよ
うな確率論的な対象では，パーミュテーションの種類の数が，指数関数的に

増えるという場合もありうるからある.

　パーミュテーションを用いるべきか,再帰三角形を用いるべきかは,場合による. 時系列データの長さが N のとき,パーミュテーションは,$O(N)$ 個ある. 一方,再帰三角形は,$O(N^2)$ 個ある. よって,再帰三角形を用いた場合の方が,必要となる時系列データの長さは短い (目安は,10000 点以下である). 一方,パーミュテーションを用いた解析の方が,実際のデータでより敏感に確率論性を検定できているという結果も得られている (Hirata, 2021).

6.4 　解析例

　上で挙げた帰無仮説の検定の例を挙げる. ここでは,6 つの例を取り上げる. 1 つ目は正規分布に従うホワイトノイズ,2 つ目は自己回帰モデル $(x(t+1) = -0.7x(t) + \eta_t, \eta_t \sim N(0,1), s(t) = x(t))$,3 つ目は 2 つ目の自己回帰モデルに $s(t) = x(t)^3$ の単調増加な非線形変換を施したもの,4 つ目はロジスティック写像 $(x(t+1) = 3.7x(t)(1-x(t)), s(t) = x(t))$,5 つ目は正弦波 $(s(t) = \sin(0.1t))$,6 つ目は非線形で確率論的な対象の代表例として広く使われる GARCH モデル (Lamoureux and Lastrapes, 1990) である. すべて,時系列の長さは 10000 とした. また,フーリエ変換の高周波成分によるアーティファクトを除くために,最初と最後の 20 点を比較して,最も似た動きになっているところで区切って,サロゲートデータを生成した (Schreiber and Schmitz, 2000, 139 ページも参照). ここでは,6.2.1 項,6.2.2 項,6.2.3 項のサロゲートデータを生成し,$s(t)^2 s(t+1)^2$ の時間平均を検定統計量として用いた (Hirata and Shiro, 2019).

　サロゲートデータ解析の結果を図 6.3 に挙げる. ホワイトノイズの場合には,3 つのサロゲートデータのどれも棄却が起こらない. それに対して,自己回帰モデルでは,ランダム・シャッフル・サロゲートでは棄却が起きるのに対し,その他の 2 つのサロゲートデータでは棄却が起こらない. 自己回帰モデルに単調増加な非線形な変換をかけると,フェーズ・ランダマイズド・サロゲートでも棄却が起きる. しかし,イタレーティブ・アンプリチュ

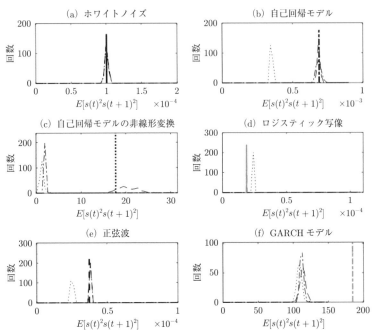

図 6.3　サロゲートデータ解析の例．(a) ホワイトノイズ，(b) 自己回帰
モデル，(c) 自己回帰モデルの単調増加な非線形変換，(d) ロジスティッ
ク写像，(e) 正弦波，(f)GARCH モデル．それぞれのパネルで，元デー
タの $S(t)^2s(t+1)^2$ の時間平均 $E[s(t)^2s(t+1)^2]$ が縦の線（線の種類は，
図 6.4 の各モデルの結果の線の種類に対応する），点線がランダム・シャ
ッフル・サロゲートの分布，一点鎖線がフェーズ・ランダマイズド・サ
ロゲートの分布，破線がイタレーティブ・アンプリチュード・アジャス
ティッド・フーリエ・トランスフォーム・サロゲートの分布．

ード・アジャスティッド・フーリエ・トランスフォーム・サロゲートでは棄
却が起こらない．ロジスティック写像の例では，ここで用いたすべてのサロ
ゲートデータの種類で棄却が起こった．正弦波では，イタレーティブ・アン
プリチュード・アジャスティッド・フーリエ・トランスフォーム・サロゲー
トでは棄却が起こらなかった．一方，GARCH モデルでは，イタレーティ
ブ・アンプリチュード・アジャスティッド・フーリエ・トランスフォーム・
サロゲートで棄却が起こった．このように，さまざまなサロゲートデータを

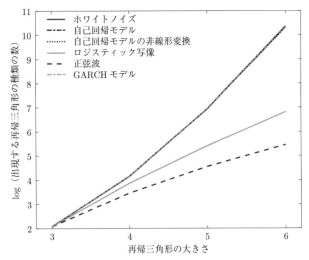

図 6.4 再帰三角形のサイズを変化させたときの，リカレンスプロット中での出現する再帰三角形の種類の数．ロジスティック写像と正弦波のときには，指数関数的に増加しているとする帰無仮説が棄却できなかった．それ以外の場合には，指数関数的に増加するという帰無仮説が棄却できた．また，リカレンスプロットを調べた結果，拡大的で，位相推移的であったので，ロジスティック写像と正弦波以外のデータでは，確率論的という可能性だけが残った．

段階的に使うことによって，対象のダイナミクスの性質を特徴づけることができる．

　決定論性・確率論性の解析を図 6.4 に示す．ここでは，ロジスティック写像と正弦波は，再帰三角形の指数関数的増加の帰無仮説を棄却できなかった．その他のデータは，指数関数的増大の帰無仮説が棄却された．また，リカレンスプロットをさらに解析することで，拡大的であり，かつ，位相推移的でありそうだということを確認できた．よって，ロジスティック写像と正弦波以外のデータでは，確率論的である可能性だけが残されることになる．

参考文献

合原一幸 編，池口 徹，山田泰司，小室元政，『カオス時系列解析の基礎と応用』，産業図書 (2000).

J. M. Amigó and M. B. Kennel, Topological permutation entropy, Physica D 231, 137-142 (2007).

Y. Hirata, Recurrence plots for characterizing random dynamical systems, Commun. Nonlinear Sci. Numer. Simulat. 94, 105552 (2021).

Y. Hirata and M. Shiro, Detecting nonlinear stochastic systems using two independent hypothesis tests, Phys. Rev. E 100, 022203 (2019).

M. B. Kennel, Statistical test for dynamical nonstationarity in observed time-series data, Phys. Rev. E 56, 316-321 (1997).

C. G. Lamoureux and W. D. Lastrapes, Persistence in variance, structural change, and the GARCH model, J. Bus. Econ. Stat. 8, 225-234 (1990).

松原望，縄田和満，中井検裕，『統計学入門』，東京大学出版会 (1991).

T. Nakamura, M. Small, and Y. Hirata, Testing for nonlinearity in irregular fluctuations with long-term trends, Phys. Rev. E 74, 026205 (2006).

J. A. Scheinkman and B. LeBaron, Nonlinear dynamics and stock returns, J. Business 62, 311-337 (1989).

T. Schreiber and A. Schmitz, Improved surrogate data for nonlinearity tests, Phys. Rev. Lett. 77, 635-638 (1996).

T. Schreiber and A. Schmitz, Surrogate time series, Physica D 142, 346-382 (2000).

M. Small, D. Yu, and R. G. Harrison, Surrogate test for pseudoperiodic time series data, Phys. Rev. Lett. 87, 188101 (2001).

J. Theiler, S. Eubank, A. Longtin, B. Galdrikian, and J. D. Farmer, Testing for nonlinearity in time series: the method of surrogate data, Physica D 58, 77-94 (1992).

J. Timmer, Power of surrogate data testing with respect to nonstationarity, Phys. Rev. E 58, 5153-5156 (1998).

J. Timmer, What can be inferred from surrogate data testing? Phys. Rev. Lett. 85, 2647 (2000).

第7章 非線形予測

本章では，非線形予測の手法をいくつか紹介する．一言で非線形予測といっても，その種類はさまざまである．ここでは，最も単純な局所定数予測をまず紹介する．そして，発展的な例として，局所線形予測と動径基底関数を用いた予測に関して紹介する．最後に，中期予測を目的とする場合の手法について議論する．

- 学習目標：実際の実データを使って，非線形予測ができるようになる．

- キーワード：局所定数予測，局所線形予測，動径基底関数，中期予測

7.1 前提

非線形予測の前提は，第2章で説明した状態空間の再構成が行えていることである．時間遅れ座標により状態空間の再構成が行えると，時間遅れ座標と元の状態空間の点が1対1に対応する．この1対1に対応することが非常に重要である．この1対1対応の重要性は，次のような可換図 (commutative diagram) が成り立つことである．（数式の記号は，第2章のものをそのまま用いる．）

$$
\begin{array}{ccc}
x_t \in \mathbf{M} & \xrightarrow{f} & x_{t+1} \in \mathbf{M} \\
\Phi_{(f,g)} \downarrow & & \Phi_{(f,g)} \downarrow \\
\Phi_{(f,g)}(x_t) \in \Phi_{(f,g)}(\mathbf{M}) & \xrightarrow{\tilde{f}} & \Phi_{(f,g)}(x_{t+1}) \in \Phi_{(f,g)}(\mathbf{M})
\end{array}
\tag{7.1}
$$

ここで，$\tilde{f}$ は，時間遅れ座標 $\Phi_{(f,g)}(x_t)$ から $\Phi_{(f,g)}(x_{t+1})$ を予測するような関数である．今 $\Phi_{(f,g)}$ が 1 対 1 であるため，逆写像 $\Phi_{(f,g)}^{-1}$ が存在するので，$\Phi_{(f,g)}^{-1} \circ \tilde{f} \circ \Phi_{(f,g)}$ は f と等価になる．つまり，$\tilde{f}$ について調べれば，f のことがわかる．また，逆に，$\tilde{f}$ は $\Phi_{(f,g)} \circ f \circ \Phi_{(f,g)}^{-1}$ と書けるので，$\tilde{f}$ が実際に構成可能であることがわかる．このことを利用して，この章では，非線形予測手法を構成する．

7.2 局所定数予測

最も簡単な非線形予測の手法は，局所定数予測 (Kantz and Schreiber, 2004) である．この予測では，再構成された状態空間上の近傍の点の時間発展が似ていることを利用する．

1 次元の時系列データを $s_t(t = 1, 2, \ldots, T)$ とする．そして，時間遅れ座標 $v_t = (s_t, s_{t+\tau_1}, \ldots, s_{t+\tau_{d-1}})$ を第 2 章の手法を使って適切に求めたと仮定する．この仮定の下で，s_{T+m} を予測する手法を作ろう．

まずは，v_T の近傍の点を時系列データ $\{v_t : t = 1, 2, \ldots, T - \tau_{d-1}\}$ から探してくる．たとえば，しきい値 ε を使って，$N_T = \{t : ||v_t - v_T|| < \varepsilon, t = 1, 2, \ldots, T - \tau_d\}$ とする．そして，N_T の m ステップ先の点の平均を予測値とする．その予測値 $\hat{s}_{T+m}$ は，

$$\hat{s}_{T+m} = \frac{1}{|N_T|} \sum_{t \in N_T} s_{t+m} \tag{7.2}$$

として与えられる．ここで，$|N_T|$ は，N_T の集合に含まれる要素数を表す．N_T は近くの K 個の近傍点で置き換えてもよい．

実際にこの予測手法を使ってみよう．ここでは，例として，レスラーモデルを用いる．第 2 章で求めた最適な時間遅れが 1.3 だったので，1.3 単位時間ごとの予測を行った．その予測の例を図 7.1 に示す．このとき，時系列の長さとしては 4000 点，近傍点として $K = 10$ 点を用いた．4 ステップ先までの予測はだいたい合っていて，その後，予測誤差は大きくなっていく．

この予測を分布予測に変換するのは簡単で，たとえば，$\{s_{t+m}|i \in N_T\}$

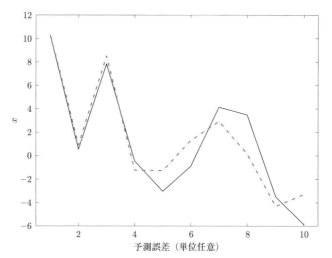

図 **7.1** レスラーモデルの局所定数予測の例. この図において実線が予測値. 一点鎖線が実際の値.

の平均と標準偏差を求めればよい (Hirata *et al.*, 2014). そのようにして, 求めた 95 % 信頼区間の例を図 7.2 に示す. このようにすれば, 式 (7.2) の予測値がどのぐらい信頼できるか示すことができる.

7.3 局所線形予測

局所定数予測よりも少し高精度な手法が, 局所線形予測 (Farmer and Sidorowich, 1987) である.

この手法でも, まず, しきい値 ε を使って, v_T の近傍の $N_T = \{t : ||v_t - v_T|| < \varepsilon, t = 1, 2, \ldots, T - \tau_d\}$ を探してくる. そして, N_T に含まれる t を小さい順に並べて, $t_1, t_2, \ldots, t_{|T_N|}$ とする. m ステップ先を予測する予測手法を作るときには

$$\hat{s}_{T+m} = a_0 + \sum_{i=1}^{d} a_i s_{T-\tau_{i-1}} + \eta_T \tag{7.3}$$

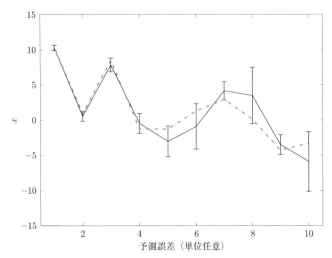

図 7.2 レスラーモデルの 95% 信頼区間の構成例. エラーバーが 95% の信頼区間. 一点鎖線が実際の値.

となるパラメータ $a = (a_0, a_1, \ldots, a_d)^T$ を決める. ここで, 便宜上 $\tau_0 = 0$ とおく. また, η_T は時刻 T でのノイズである. このパラメータを決めるためには, 最小 2 乗法を用いる. つまり, 式 (7.3) を $t_1, t_2, \ldots, t_{|T_N|}$ に関してまとめて, 以下のように行列を用いて表す.

$$
\begin{pmatrix} s_{t_1+m} \\ s_{t_2+m} \\ \vdots \\ s_{t_{|T_N|}+m} \end{pmatrix} = \begin{pmatrix} 1 & s_{t_1} & \cdots & s_{t_1-\tau_{d-1}} \\ 1 & s_{t_2} & \cdots & s_{t_2-\tau_{d-1}} \\ \vdots & \vdots & \ddots & \vdots \\ 1 & s_{t_{|T_N|}} & \cdots & s_{t_{|T_N|}-\tau_{d-1}} \end{pmatrix} \begin{pmatrix} a_0 \\ a_1 \\ \vdots \\ a_d \end{pmatrix} + \begin{pmatrix} \eta_{t_1} \\ \eta_{t_2} \\ \vdots \\ \eta_{t_{|T_N|}} \end{pmatrix} \tag{7.4}
$$

式 (7.4) を簡単のため,

$$
y = Xa + \eta \tag{7.5}
$$

と書く. a は,

$$
\hat{a} = \underset{a}{\mathrm{argmin}}(y - Xa)^t(y - Xa) \tag{7.6}
$$

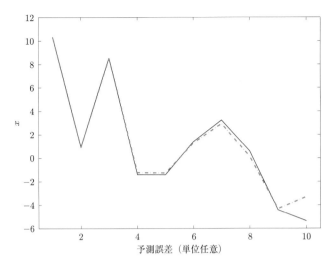

図 7.3 レスラーモデルの局所線形モデルを使った予測の例. 図の見方は図 7.1 のキャプション参照.

を解くことによって得ることができる. ただしここで, B^t は行列 B の転置の意味で, argmin はそれに続く式を最小化するようなパラメータを返す関数である. これは, 両辺を a に関して偏微分して,

$$-2X^t(y - Xa) = -2X^t y + 2X^t Xa - 0 \tag{7.7}$$

を得て, 左から $(X^t X)^{-1}$ をかけることで,

$$\hat{a} = (X^t X)^{-1} X^t y \tag{7.8}$$

と求まる.

局所線形予測の例を図 7.3 に示す. ここでは, $K = 10$ 個の近傍点を用いて予測を行った. 図 7.1 の局所定数予測の場合に比べると, 予測精度が向上していることがわかる.

予測の性能を評価するためには, ベースラインとして持続予測と平均値予測がよく用いられる. 持続予測は最も最近の値を予測値とする予測手法, 平均値予測は過去の平均値を予測値とする方法である. 使用している予測の手

法が，持続予測や平均値予測に比べてよい場合，少なくとも最低限の予測性
能があると考えられる．

7.4 | 動径基底関数を用いた予測

これまで見てきた局所定数予測と局所線形予測では，予測をするときに，
毎回近傍の点を求め，局所線形予測の場合にはさらにパラメータを求める
必要があった．これに対して，大域的な予測公式を求めると，毎回近傍の点
を求めたり，パラメータを求めたりといった必要がないというメリットがあ
る．

そこで，本節では，大域的な予測公式の 1 つである動径基底関数を用い
た予測手法 (Judd and Mees, 1995) を取り上げる．

動径基底関数とは，関数の中心があり，この中心からの距離（動径）に応
じて，値が変化する関数である．最も一般的に用いられる動径基底関数の 1
つが正規分布の関数であり，ファジー理論とも密接に関連する．動径基底関
数を予測公式に用いる場合，複数の動径基底関数の足し合わせによって関数
を近似する．つまり，数式で書くと，

$$\hat{s}_{t+m} = \sum_{i=1}^{n} b_i \exp\left(-\frac{||v_t - c_i||^2}{2\sigma_i^2}\right) \tag{7.9}$$

と書ける．ここで，c_i は各動径基底関数の中心，σ_i はその幅を決めるパラ
メータであり，通常一定値 $\sigma_i = \sigma$ とする．c_i は時系列データからノイズを
加えてサンプリングした点から選ばれることが多い．また，σ には時系列デー
タの標準偏差がよく用いられる．その場合，時系列データのフィッティン
グによって決めるべきパラメータは b_i だけである．式 (7.9) は b_i に関して
線形であるので，局所線形モデルの場合と同様に，最小 2 乗法を使って求
めることができる．

また，動径基底関数に線形の基底も加えて，

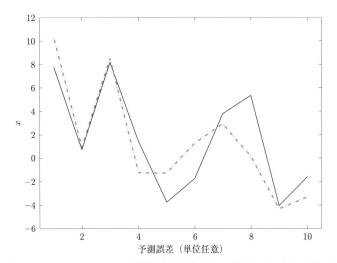

図 7.4 レスラーモデルの動径基底関数を用いた予測の例. 図の見方は図 7.1 のキャプション参照.

$$\hat{s}_{t+m} = a_0 + \sum_{i=1}^{d} a_i s_{t-\tau_{i-1}} + \sum_{i=1}^{n} b_i \exp\left(-\frac{||v_t - c_i||^2}{2\sigma^2}\right) \tag{7.10}$$

という形の式もよく用いられる.

　前節までと同様に, レスラーモデルでの例を挙げておこう (図 7.4). ここでは, 図 7.1, 7.3 に用いた部分と同じ部分を予測してみる. やはり, 予測ステップ数が小さいときには予測誤差が小さいが, 予測ステップ数が大きくなると予測誤差が大きくなっていく傾向が見て取れる.

　動径基底関数以外にも, 大域的な数理モデルとしては, ニューラルネットワークや多項式近似などが挙げられる. 特にディープラーニングを活用する多層ニューラルネットワークが広く使われている.

7.5 ｜ 中期予測

　実際に非線形予測が必要になる場面では, 1 ステップ先や 2 ステップ先な

どの短期予測をしたい場合もあるかもしれないが，20 ステップ先や 30 ステップ先等の中期予測をしたい場合もあるであろう．

　中期予測を目的とする場合には，大きく分けて 2 つの戦略がある．1 つは直接予測，もう 1 つは再帰予測である．

　直接予測は，式 (7.2), (7.3), (7.10) をそのまま用いて，m ステップ先の予測をするものである．この場合，複数の m ステップ先までの時刻について予測をしたいとき，それぞれの予測時刻において数理モデルを作る必要性がある．図 7.1-7.4 の予測は，直接予測によっている．

　それに対して，再帰予測では，1 ステップ先の予測を m 回繰り返すことで m ステップ先の予測を構成する．この手法は，1 ステップ先の予測モデルの精度が高いときに有効な手段である．しかし，1 ステップ先の予測モデルの精度が悪いときには，あまりよい予測を与えない．図 7.5 に局所線形予測を用いて行った再帰予測の例を示す．このケースでは，直接予測を用いた図 7.3 の場合よりも，再帰予測を用いたこの例の方がよい予測になっていることがわかる．

　上記のことを踏まえると，与えられた問題によって，直接予測と再帰予測のうちから適切な方を選ぶ必要があることがわかる．

7.6 重心座標

　この章の最後に，重心座標と呼ばれる，より精度の高い時系列予測を，短い時系列データから構築する方法を紹介する．その元となる方法は，Mees (1991) による "ボロノイ分割法"（合原編，2000）である．

　幾何学的な方法を使うため，まずは，状態空間を 2 次元に限定してみよう（Mees (1991) では，3 次元空間まで考えられているが，そのままの方法では，計算量的に難しい．それを，後ほど解消する）．Mees (1991) は，まず，状態空間をたくさんの三角形に分割した（三角分割）．三角分割の仕方は，一意ではない．そのため，ボロノイ分割と呼ばれる，どの点に一番近いかによって，状態空間を分割する方法と，双対になるようなドロネー三角分割を用いた．このようにして，状態空間を三角分割しておいて，今，予測を

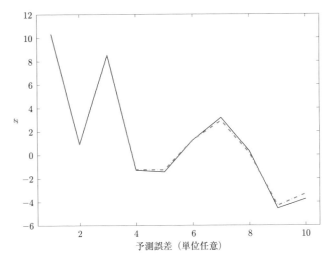

図 7.5 レスラーモデルの予測．ここでは，局所線形予測を用いて再帰予測を行った．図の見方は図 7.1 のキャプション参照．

考えたい点 $\vec{v}$ の含まれる三角形を考える．そのとき，三角形の 3 つの頂点を $\vec{v}_i(i = 1, 2, 3)$ とすると，それぞれの頂点に対応する重みである重心座標 $\lambda_i(i = 1, 2, 3)$ を使って，

$$\vec{v} = \sum_{i=1}^{3} \lambda_i \vec{v}_i,$$

$$0 \leq \lambda_i \leq 1 \text{ for } i = 1, 2, 3,$$

$$\sum_{i=1}^{3} \lambda_i = 1$$

のように書ける．ここで，重要になるのは，このような条件を満たす λ_i をどのように求めるかということである．Mees (1991) では，それぞれの $\vec{v}_i$ の入るボロノイ分割の領域が，現在着目している三角形のルベーグ測度のどのぐらいを占めているかの割合を以って決めた．

このようにして，各三角形で，局所的に重心座標を使って表現した後，次に進む点 $f(\vec{v})$ を推定するときには，

$$\hat{f}(\vec{v}) \sim \sum_{i=1}^{3} \lambda_i f(\vec{v}_i)$$

のようにして予測した．この方法によって，わずか50点の時系列データから，Hénon 写像のアトラクタの概形を，フリーラン，つまり，時間正方向にこのモデルを走らせることで再現できている．また，ダイナミクスの近似の連続性，滑らかさ，点が多くなっていったときの一致性も示された．

Mees (1991) の問題点は，ドロネー三角分割と呼ばれる幾何学的な方法を使っているため，2, 3次元といった低次元の状態空間でしか用いることができないことである．

そこで，Hirata *et al.* (2015) では，ドロネー三角分割の代わりに，K 個の近傍点を探してきて，その近傍点に対して線形計画法を用いることで，重心座標の効率的な一般化を実現した．

拘束条件としては，次のように書ける．

$$\vec{v} \sim \sum_{i=1}^{K} \lambda_i \vec{v}_i,$$

$$0 \le \lambda_i \le 1 \text{ for } i = 1, 2, \ldots, K,$$

$$\sum_{i=1}^{K} \lambda_i = 1.$$

ここで，$\vec{v} \sim \sum_{i=1}^{K} \lambda_i \vec{v}_i$ の部分を，成分ごとに，より厳密に，最適化問題として書き換えてみることにする．$\vec{v}$ の成分を v_j，$\vec{v}_i$ の成分を v_{ij} と書くことにする（ここで，$j = 1, 2, \ldots, n$）．このとき，$\vec{v} \sim \sum_{i=1}^{K} \lambda_i \vec{v}_i$ の近似解を求めるのは，

$$\min \varepsilon$$

such that

$$-\varepsilon \le v_j - \sum_{i=1}^{K} \lambda_i v_{ij} \le \varepsilon \text{ for } j = 1, 2, \ldots, n$$

ということである．すなわち条件をすべて合わせて書くと，

$$\min \varepsilon$$

such that

$$-\varepsilon \leq v_j - \sum_{i=1}^{K} \lambda_i v_{ij} \leq \varepsilon \text{ for } j = 1, 2, \ldots, n$$

$$0 \leq \lambda_i \leq 1 \text{ for } i = 1, 2, \ldots, K,$$

$$\sum_{i=1}^{K} \lambda_i = 1$$

となる．この問題自身は，線形計画問題になっているので，MATLAB や CPLEX 等のソルバーを使って，解くことができる．次の点を予測するときには，Mees (1991) と同様に，

$$\hat{f}(\vec{v}) \sim \sum_{i=1}^{K} \lambda_i f(\vec{v}_i)$$

とすればよい．この線形計画を使った重心座標を用いて，ヴァイオリンの音が，高い精度で数理モデル化できることが，Hirata *et al.* (2015) に示されている．

この拡張においても，近傍点 $\{\vec{v}_i\}$ で張られる空間が，近傍点 $\{f(\vec{v}_i)\}$ で張られる空間に写像されるので，時系列予測は，有界の領域に止まり続ける．

加えて，次のような近似の公式を Taylor 展開を使って導くことができる (Hirata *et al.*, 2015)：

$$\hat{f}(\vec{v}) = f(\vec{v}) + f'(\vec{v})(\sum_i \lambda_i \vec{v}_i - \vec{v}) + O(\delta^2). \tag{7.11}$$

ここで，$f'(\vec{v})$ は $f(\vec{v})$ のヤコビアン行列，δ は近傍の大きさである．

7.7 │ 時系列予測が外れる理由

式 (7.11) は，両辺の要素を移項し，ダイナミカルノイズの成分 η も考慮に入れて，書き直すと次のような式になる (Hirata and Aihara, 2016)：

$$f(\vec{v}) = \hat{f}(\vec{v}) + f'(\vec{v})(\vec{v} - \sum_i \lambda_i \vec{v}_i) + O(\delta^2) + \eta. \tag{7.12}$$

この式より，時系列予測が外れる理由が 5 つあることがわかる (Hirata and Aihara, 2016). (1) ダイナミクスが定性的に変化してしまう場合 ($\hat{f}(\vec{v})$)，(2) 初期値鋭敏依存性による場合 ($f'(\vec{v})$)，(3) 今得られている近傍点で現在着目している点がうまく近似できていない場合 ($\hat{v} - \sum_i \lambda_i \vec{v}_i$)，(4) 近傍点との距離が遠い場合 ($O(\delta^2)$)，(5) ダイナミカルノイズの影響が大きい場合 (η) である.

それぞれの要素は，少なくとも，1 つの方法で定量化することができる (Hirata and Aihara, 2016). たとえば，ダイナミクスが定性的に変化することは，後の章で紹介するように early warning signal の方法や動的ネットワークマーカーに関する方法で定量化できる. 初期値鋭敏依存性は，リアプノフ指数に関連した手法で定量化できる. 現在の点が近傍点でうまく近似できているかどうかは，たとえば，$\vec{v} - \sum_i \lambda_i \vec{v}_i$ の大きさを直接的に評価することで定量化できる. 近傍点との距離が遠いかどうかは，近傍点が張る空間の大きさをグラム行列の行列式で評価できる. ダイナミカルノイズの影響の大きさは，たとえば，Wayland の方法によって評価できる (Wayland *et al.*, 1993).

このようにして，時系列予測が外れる理由の定量化を，元の時系列データ，時系列予測，予測誤差と一緒に，機械学習の 1 つの方法である random forest (Hastie *et al.*, 2009) で学習させると，日射量や風速の急激な変化の事象を予測するうえで，役立つこともわかっている (Hirata and Aihara, 2016). このような手法は，実用化に向けてたいへん有効である.

参考文献

合原一幸 編, 池口 徹, 山田泰司, 小室元政, 『カオス時系列解析の基礎と応用』, 産業図書 (2000).

J. D. Farmer and J. J. Sidorowich, Predicting chaotic time series, Phys. Rev. Lett. 59, 845-848 (1987).

T. Hastie, R. Tibshirani, and J. Friedman, The Elements of Statistical Learning, Springer, New York (2009).

Y. Hirata, T. Yamada, J. Takahashi, K. Aihara, and H. Suzuki, Online multi-step prediction for wind speeds and solar irradiation: Evaluation of prediction errors. Renew. Energy 67 35-39 (2014).

Y. Hirata, M. Shiro, N. Takahashi, K. Aihara, H. Suzuki, and P. Mas, Approximating high-dimensional dynamics by barycentric coordinates with linear programming, Chaos 25, 013114 (2015).

Y. Hirata and K. Aihara, Predicting ramps by integrating different sorts of information, Eur. Phys. J. Spec. Top. 225, 513-525 (2016).

K. Judd and A. Mees, On selecting models for nonlinear time series. Physica D 82, 426-444 (1995).

K. Judd and M. Small, Towards long-term prediction. Physica D 136, 31-44 (2000).

H. Kantz and T. Schreiber, Nonlinear Time Series Analysis, Cambridge University Press, Second edition (2004).

A. I. Mees, Dynamical systems and tessellations: detecting determinism in data, Int. J. Bifurcat. Chaos 1, 777-794 (1991).

R. Wayland, D. Bromley, D. Pickett, and A. Passamante, Recognizing determinism in a time series, Phys. Rev. Lett. 70, 580-582 (1993).

第8章 点過程時系列データ解析

点過程時系列データの解析は，本来とても困難なものであった．しかし，筆者らも用いている点過程時系列データの窓の間の距離を定義する手法により，点過程時系列データの解析が容易になった．特に，この枠組みでは，通常のサンプリング間隔が一定の時系列データも同じ枠組みで同等に扱えるのが利点である．本章では，この点過程時系列データ解析の重要な話題について触れる．

- 学習目標：点過程の距離を使いこなせるようになる．

- キーワード：点過程の距離，リカレンスプロット，最大リヤプノフ指数，短期予測

8.1 点過程時系列データ

時系列データ解析は，時間に対して連続的に変化する物理量を一定間隔（サンプリング周期）ごとに観測して得られるようなデータを対象にして発展してきた歴史がある．そのような発展から取り残されてきた種類のデータが，点過程時系列データ (point process data) である．点過程時系列データは，連続時間のなかで瞬時に生じるイベントの系列が観測できるような系列である．例としては，神経細胞の発火，経済取引の高頻度データ，地震，雷，犯罪，電子メールの送受信，ソーシャルネットワークサービスなどのデータがある．

点過程時系列データは大きく2種類に分けられる．最初の種類は，同一

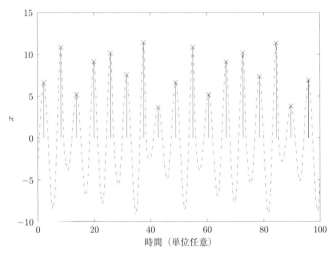

図 8.1 マーク付き点過程時系列データの例．ここでは，レスラーモデルの極大値系列を示す．レスラーモデルの変数 x を観測すると，グレーの一点鎖線のような時間に対して連続的に変化する時系列データが得られる．そこから，極大値の時刻と値を取り出すと，黒の × で示したマーク付き点過程時系列データが得られる．

のイベントが単独で観測されるようなものである．神経細胞の発火の時刻を記録したラスタープロットデータがその典型例である．神経細胞の発火信号は基本的に同じ振幅だと考えられているため，発火時刻のみに着目するからである．このような点過程時系列データのことを単純点過程時系列データ (simple point process data) と呼ぶ．それに対して，イベントに何か付随する情報を伴うようなものをマーク付き点過程時系列データ (marked point process data) と呼ぶ（図 8.1 参照）．ここでマークとは付随する情報のことである．たとえば，経済取引に対しては，取引した時刻に加えて，取引価格，取引量という補助情報が伴う．地震に対しては，震源地の位置と深さ，マグニチュードなど，それぞれの地震のイベントに対して補助情報が伴う．

　点過程時系列データの非線形時系列解析としては，1994 年に Tim Sauer によって提唱された，スパイク列のスパイク間隔 (interspike intervals) に

着目した解析がある (Sauer, 1994). これは, 連続するイベントの間隔を時間遅れ座標のように並べることで, イベントが観測された時刻での背後の力学系の状態を再構成するという手法である. これは, 大変便利な手法で, 脳の同期発火の間隔 (Aihara and Tokuda, 2002) など多くの研究で用いられた. 数学的には次のように表現される. 今 i 番目のイベントの起きた時刻を t_i とする. そのとき, i 番目の interspike interval は, $s_i = t_{i+1} - t_i$ で表される. 連続する interspike intervals を使ってベクトル $(s_i, s_{i+1}, \ldots, s_{i+d-1})$ を定義する. そうすると, d が十分大きいとき, このベクトルは, 時刻 t_i の状態を再構成する.

しかし, interspike intervals の考え方にも限界があった. それは, イベントが観測された時刻でしか背後の力学系の状態が再構成されないという問題点である. 弊害としては, 大きく分けると 2 つある. 1 つは, リヤプノフ指数が実時間の軸を利用して求められないという点, もう 1 つは, 複数のイベント時系列があるとき, interspike intervals では複数のイベント時系列の状態が同時刻には再構成されないため, その間の関係性がわかりにくいという問題点である.

8.2 点過程間の距離

筆者らが提案したのは, 長さ一定の時間窓を一定の時間間隔おきにサンプリングして, その時間窓間の距離を求めるという考え方である (Suzuki et al., 2010; Andrzejak and Kreuz, 2011; Hirata and Aihara, 2012; 図 8.2 参照). 点過程の距離は, 最初 Victor and Purpura (1997) によって神経発火時系列解析の文脈で提案された. これは, 編集距離 (edit distance) に基づくもので, 一方の点過程の窓を編集することによって, もう一方の点過程の窓を作るときの手間の合計の最小値を距離として定義するものである (図 8.3). 操作としては, イベントの削除, 挿入, 移動を考える. 削除と挿入に対してはコスト 1, 移動に対しては移動した時間幅 Δt に比例するコストを割り当てる. その他にも, 単純点過程時系列データの距離としては, van Rossum によって提案された距離 (van Rossum, 2001) や Kreuz らによって

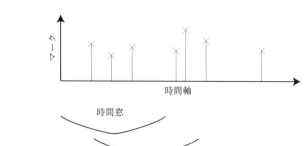

図 **8.2**　時間窓を一定の時間ごとにサンプリングするときの概念図.

提案された距離 (Kreuz *et al.*, 2007) などがある.

　それに対して，マーク付き点過程時系列データの編集距離は，Victor and Purpura (1997) の単純点過程時系列データの距離の拡張として Schoenberg and Tranbarger (2008) や Suzuki *et al.* (2010) によって提案された．この拡張では，移動に伴うコストを，移動した時間幅 Δt に比例するコストと，マーク情報の移動した値の幅 Δx に比例するコストの和に対して定義する（図 8.3）．Schoenberg and Tranbarger (2008) は地震の分類の問題で，Suzuki *et al.* (2010) は為替市場のダイナミクスの特徴づけの文脈で，Victor and Purpura (1997) の編集距離を拡張して用いた.

8.3 │ 距離を使った時系列解析

　編集距離を用いた点過程時系列データの非線形時系列解析が本格的に展開されたのは，Hirata and Aihara (2012) が初めてである．この論文では，統計的検定を多段階で用いることが提唱された．まずは，点過程時系列データが標準的な点過程時系列データの数理モデルであるポアソン過程と一致するかどうかを議論する．ポアソン過程は，それぞれのイベントが独立に発生する過程である．ポアソン過程では，次の式で定義される *CV* (Holt *et al.*,

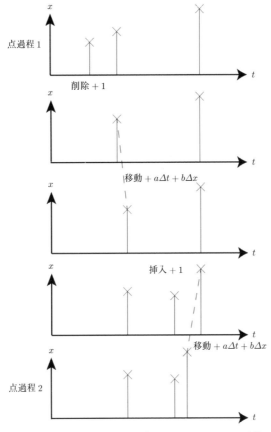

図 8.3　マーク付き点過程時系列データ 1 と 2 間の距離.

1996) と *LV* (Shinomoto *et al.*, 2003) がそれぞれ 1 の値をとることが知られている. *CV* はイベント間隔の平均と標準偏差の比を取った指標である. それに対して, *LV* は連続するイベント間隔が近いかどうかを定量化する指標になっている. *CV* と *LV* を定義するために, まずは, イベント間隔の列 $\{x_i | i = 1, 2, \ldots, d\}$ を定義する. また, $\bar{x}$ を $\{x_i\}$ の平均とする. このとき, *CV* は,

$$CV = \frac{1}{\bar{x}} \sqrt{\frac{1}{d-1} \sum_{i=1}^{d-1} (x_i - \bar{x})^2},$$

LV は,

$$LV = \frac{3}{d-1} \sum_{i=1}^{d-1} \frac{(x_i - x_{i+1})^2}{(x_i + x_{i+1})^2}$$

と定義される.

次に行う解析は,点過程のイベントにタイミングが意味を持ちうるかどうかという解析である.そのために使う道具がレートコーディング・サロゲート (rate coding surrogate) である (Hirata $et~al.$, 2008).レートコーディング・サロゲートの帰無仮説は短時間のイベントの発生数にのみ意味があるという仮説である.これは,神経科学における発火率コーディング仮説に対応するものである.検定統計量としては,次のイベント間隔の予測誤差やファイルの圧縮率等が用いられる.この解析でイベントのタイミングに何か意味があるという結果が得られて初めて点過程時系列データの距離の出番となる.

点過程時系列データの距離を用いると,リカレンスプロットを描くこと,最大リヤプノフ指数を推定すること,そして短期予測が可能となる.まず,リカレンスプロットを描き,そこに含まれる斜めの線分をなす点の割合が,ランダムに行と列を同時に入れ替えたリカレンスプロットよりも有意に多いか否かということによって,系列相関を調べる.系列相関の次は,定常線形過程と異なるかどうかを調べる.Hirata and Aihara (2012) の論文では,連続するイベント間隔の系列の分布を考えて,その分布が時間を逆向きにしたときに保存されないことを示すことで,定常線形過程という帰無仮説を棄却した.

次に行うべきは,最大リヤプノフ指数の推定である.安定してある正の値をとる傾向,つまり,ある速さで近傍点との距離が時間とともに指数関数的に拡大していく性質が検出できれば,初期値鋭敏依存性があるといえる.

最後に,短期予測可能性を考察する.局所定数予測の最も簡単な例とし

て，過去から現在の時間窓に一番近い時間窓を探してきて，それに続く時間窓を予測とすることで，最近傍予測を構成することができる．その比較対象としては，たとえば，持続予測が考えられる．持続予測は現在の時間窓が次の時間窓で繰り返されると仮定する予測である．最近傍予測の方が持続予測よりもよければ，短期予測可能性が示せるので，決定論的カオスの1つの特徴を示唆することができる．

さらに，ゆっくりとした外力の再構成や方向性結合の検定も，十分大きな時間窓を選べば，状態空間の再構成ができていることが期待でき，可能になるものと思われる．

8.4 | 解析例

ポアソン過程に従う点過程時系列データと，レスラーモデルの極大値系列を取り出して得られる点過程時系列データを例として見ていこう．

0から1000単位時間の間でイベントを10000個，独立に一様分布に従って発生させて，ポアソン過程に従うような点過程時系列データを近似した．そして，50単位時間ごとに区切り，20個の区間でCVとLVをそれぞれ推定した．そのとき，CVは平均と標準偏差が1.01 ± 0.05，LVは0.99 ± 0.04となり，どちらも95%信頼区間に1を含むことからポアソン過程であるとする帰無仮説が棄却できない．

それに対して，レスラーモデルの極大値系列では，CVが0.064 ± 0.014，LVが0.010 ± 0.004となり，1を95%信頼区間に含まない．そのため，レートコーディング・サロゲートを使ってイベントのタイミングが重要かどうかを検定した．ここで，10単位時間あたりのイベント数がほぼ保存されるようにして，interevent intervalsをランダムに並び替えて，イベントのタイミングをランダム化した．その結果，イベントのタイミングになんらかの意味があることが見出された（有意水準0.01，図8.4）．

そこで，マーク付き点過程の距離を用いて解析をした．まずリカレンスプロットを求めてみると（図8.5），斜めの短い線分が多く観測された．斜めの線をなす点の割合である DET は，行と列を同時にランダムに並び替えた

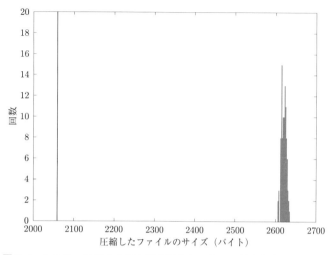

図 **8.4** レスラーモデルの極大値系列のレートコーディング・サロゲートの例．黒の縦の直線が実際の極大値系列の圧縮率，グレーのヒストグラムがレートコーディング・サロゲート（ここでは，10 単位時間のイベント数をだいたい保存して，イベント間隔をランダムに並び替えて，イベントのタイミングの情報を壊したデータ）の分布．1% 有意水準で単位時間のイベント数にのみ情報が乗っているという帰無仮説は棄却される．つまり，イベントのタイミングに情報が乗っている可能性が高いことが示された．

リカレンスプロットに比べて有意に多くあった（図 8.6）．最大リヤプノフ指数を推定してみると，元の空間では，Sano and Sawada (1985) で知られていた値に近い 0.070 ± 0.003 が得られたのに対して，マーク付き点過程の距離を用いた場合には 0.060 ± 0.002 が得られた．このとき，時間窓の前後のイベントを考慮に入れる場合と入れない場合を考えて，出力を連続にする操作を行った (Hirata and Aihara, 2009)．つまり，0 は 99% の信頼区間の外にある．また，過去から近いパターンの時間窓を探してきてその後の時間窓を予測する手法が，現在の時間窓が繰り返されると仮定する持続予測に比べて，約 95% の割合でよりよい予測を与えた（図 8.7）．これらのことを総合的に判断すると，レスラーモデルは，極大値系列だけからみても決定論的カオスであることが示唆される．

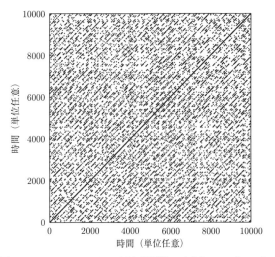

図 8.5　レスラーモデルの極大値系列のリカレンスプロット.

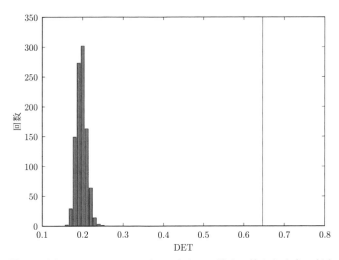

図 8.6　図 8.5 のリカレンスプロット上で，斜めの線をなす点の割合
（黒の縦線）．グレーのヒストグラムは，図 8.5 のリカレンスプロットの
行と列を同時にランダムに入れ替えてリカレンスプロットを作ったとき
の斜めの線をなす点の割合.

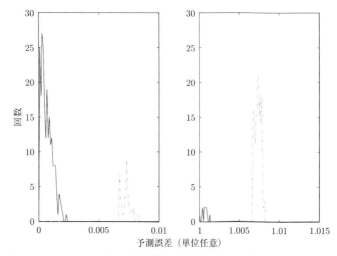

図 8.7　レスラーモデルの極大値系列の予測誤差．分布が 0 から 0.01 の部分と，1 から 1.015 の部分に分かれているので，別々に示す．ここで，実線は最近傍予測を，一点鎖線は持続予測を表す．

参考文献

K. Aihara and I. Tokuda, Possible neural coding with inter-event intervals of synchronous firing, Phys. Rev. E 66, 026212 (2002).

R. G. Andrzejak, and T. Kreuz, Characterizing unidirectional couplings between point processes and flows, EPL 96, 50012 (2011).

Y. Hirata, Y. Katori, H. Shimokawa, H. Suzuki, T. A. Blenkinsop, E. J. Lang, and K. Aihara, Testing a neural coding hypothesis using surrogate data, J. Neurosci. Methods 172, 312-322 (2008).

Y. Hirata and K. Aihara, Representing spike trains using constant sampling intervals, J. Neurosci. Methods 183, 277-286 (2009).

Y. Hirata and K. Aihara, Timing matters in foreign exchange markets, Physica A 391, 760-766 (2012).

G. R. Holt, W. R. Softky, C. Koch, and R. J. Douglass, Comparison of discharge variability in vitro and in vivo in cat visual cortex neuron, J. Neurophysiol. 75, 1806-1814 (1996).

K. Iwayama, Y. Hirata, K. Takahashi, K. Watanabe, K. Aihara, and H. Suzuki, Characterizing global evolutions of complex systems via intermediate network representations, Sci. Rep. 2, 423 (2012).

T. Kreuz, J. S. Hass, A. Morelli, H. D. I. Abarbanel, and A. Politi, Measuring spike train synchrony, J. Neurosci. Methods 165, 151–161 (2007).

M. Sano and Y. Sawada, Measurement of the Lyapunov spectrum from a chaotic time series, Phys. Rev. Lett. 55, 1082–1085 (1985).

T. Sauer, Reconstruction of dynamical systems from interspike intervals, Phys. Rev. Lett. 72, 3811–3814 (1994).

F. P. Schoenberg and K. E. Tranbarger, Description of earthquake aftershock sequences using prototype point patterns, Environmentrics 19, 271–286 (2008).

S. Shinomoto, K. Shima, and J. Tanji, Differences in spiking patterns among cortical neurons, Neural Comput. 15, 2823–2842 (2003).

S. Suzuki, Y. Hirata, and K. Aihara, Definition of distance for marked point process data and its application to recurrence plot-based analysis of exchange tick data of foreign currencies, Int. J. Bifurcat. Chaos 20, 3699–3708 (2010).

M. C. W. van Rossum, A novel spike distance, Neural Comput. 13, 751–761 (2001).

J. D. Victor and K. P. Purpura, Metric-space analysis of spike trains: theory, algorithms and application, Network: Comput. Neural Syst. 8, 127–164 (1997).

因果性解析

ネットワークシステムを構成する複数の要素から観測値が得られるとき，まず理解したいのは，その要素間にどのような関係性があるかである．また，要素間の関係性を調べるときに気をつけなければならないのは，すべての要素が観測できているわけではないかもしれないということである．これらを踏まえて，このような関係性，すなわち因果性を解析するための手法を紹介する．この章は，非線形時系列解析と複雑ネットワーク理論の橋渡しになるものである．

- 学習目標：方向性結合の検定の手法が複数使いこなせるようになる．

- キーワード：外力が加わったシステムの埋め込み定理，隠れた共通の外力

9.1 | 方向性結合

ネットワークシステム，つまり，複数の要素が結合されたネットワークから成るシステムの性質をよく理解するためには，それぞれの要素間にどのような関係性があるかをはっきりさせる必要がある．要素間の関係性を理解すれば，ネットワークによって要素が結合されたシステムのその後の将来を予測したり，制御したりすることに活用することが可能となる．

9.1.1　Granger causality

結合されたシステムの要素間の因果性の同定には，長い歴史がある．その

現代的始まりは，Granger による Granger causality (Granger, 1969) である．Granger causality では，ある要素 x を隠したときに，別の要素 y の予測の精度が落ちるかどうかを議論する．つまり，もしもある要素 x を隠して次の式 (9.1) を用いるとき，

$$y_t = \sum_{j=1}^{J} b_j y_{t-j} \tag{9.1}$$

要素 x も用いる下記の式 (9.2)

$$y_t = \sum_{i=1}^{I} a_i x_{t-i} + \sum_{j=1}^{J} b_j y_{t-j} \tag{9.2}$$

に比べて，要素 y の予測の精度が落ちれば，その要素 x には予測している要素 y の将来を決めるのに重要な情報が含まれており，x から y への方向性結合があると考える．これが，Granger causality の基本である．

9.1.2 非線形手法の必要性

Granger causality は線形の確率過程データに関してはたいへん有効であるが，非線形の力学系を考えるときには通用しない．というのも，x から y への方向性結合があるとき，y の時間遅れ座標により x と y の情報が同時に再構成されるので (Stark, 1999)，y だけの情報から x の情報を使わなくても予測ができてしまう．これを nonseparability と呼ぶ．この nonseparability の性質を持つことによって，既存手法には false negative の問題が発生しやすくなるという問題点がある (Leng *et al.*, 2020; Shi *et al.*, 2022)．そのため，非線形力学系から成るシステムの方向性の結合を考える際には，別の考え方が必要になる．

特に問題になるのは，共通の隠れた外力があるときである．2009 年までは，そのような状況下で利用できる方向性結合の検定手法はなかった．

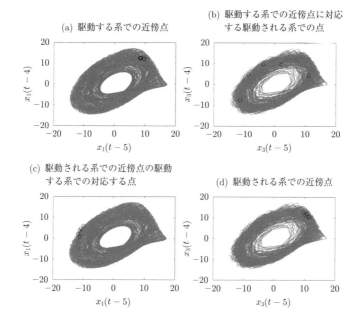

図 9.1 Stark の埋め込み定理の概念図. x_1 から x_3 への一方向性の結合があるとき，駆動する x_1 の埋め込み空間で近傍点を探してくると (a)，駆動される x_3 の埋め込み空間では必ずしも近傍点ではない (b). しかし，駆動される x_3 の埋め込み空間で近傍点を探す (d) と，駆動するの埋め込み空間では必ず近傍点となっている (c).

9.2 方向性結合の検定の手法

9.2.1 外力が加わったシステムの埋め込み定理

　筆者らが着目するのは，第 4 章で説明した外力が加わったシステムの埋め込み定理 (Stark, 1999) である．この埋め込み定理によると，x から y への方向性結合があるとき，y の時間遅れ座標を用いると，x と y の状態が同時に再構成される（図 9.1）．この事実をうまく利用すれば，非線形システムの結合に関しても，方向性の結合がうまく同定できると考えられる．

9.2.2　リカレンスプロットによる方法

　まずは，リカレンスプロットによる方法を見てみよう．x から y への方向性結合があるとき，y の時間遅れ座標からは，x と y の状態空間が同時に再構成される．つまり，x と y の各再構成状態空間内の各々の状態が同時に近いときのみリカレンスプロットに点が打たれる (Hirata and Aihara, 2010). それに対して，x の遅れ座標からは，x の状態のみが再構成される．つまり，しきい値をうまく選ぶと，x の遅れ座標のリカレンスプロットは，y の遅れ座標のリカレンスプロットをうまく覆い尽くすことができる (Hirata and Aihara, 2010). すなわち，y の再構成状態空間での近傍は対応する x の再構成状態空間でも近傍になっていることを使って，x から y への方向性結合が検出できる．後述の convergent cross mapping (Sugihara et $al.$, 2012) をはじめ現在では広く使われているこの原理は，Hirata and Aihara (2010) で初めて指摘されたものである．

　実際に検定に使うのは，これの対偶である．つまり，しきい値をうまく選んでも，x の遅れ座標のリカレンスプロットが，y の時間遅れ座標のリカレンスプロットを完全に覆い尽くすことができないようなとき，x から y への方向性結合は否定される．この Hirata and Aihara (2010) の手法は，隠れた共通の外力があっても利用できる，すなわち，共通外力の存在を検出できる初めての方法を与えたものである．

9.2.3　距離の同時分布を用いる方法

　リカレンスプロットを利用する代わりに，距離の同時分布を利用しても，同様の検定を構成できる．それぞれの距離を 0 から 1 の値を一様分布としてとるように正規化する場合，x から y への一方向性結合が存在する状況下では，y の時間遅れ座標で距離が近いときには，x の時間遅れ座標でも距離が近くなる．そのため，図 9.2 の上三角の部分でしか距離の同時分布が存在しないと考えられる．この考え方を利用して，Hirata et $al.$ (2016) で，方向性結合を検定する手法が構成された．

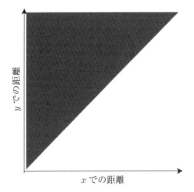

図 **9.2** 距離の同時分布．x から y への結合があるとき，距離の同時分布は，灰色の領域に存在しうる．

9.2.4 convergent cross mapping による方法

Stark の遅れ座標の考え方を使った方向性結合の検定手法は，Sugihara *et al.* (2012) によっても提案されている．この手法では，y の時間遅れ座標で近傍点を求めてきて，それと対応する x の値の重み付き平均 (CCM: Convergent Cross Mapping) を取って x の状態の推定値とする．x から y への方向性結合があるとき，この x の状態の推定は，実際の x の値とよく一致する．しかし，x から y への方向性結合がないときには，y の近傍によって決めた x の状態はばらばらの値をとるため，重み付き平均と実際の x の値はあまりよい一致を示さない．この実装の仕方とサロゲートデータの考え方を利用して，Sugihara *et al.* (2012) は，CCM の値と実際の値がよく一致しているといえるかどうかを統計的に評価し，一致している場合には，x から y への方向性の結合あり，一致していない場合には，x から y への方向性の結合なしと評価する手法を提案した．CCM 法は時系列のもとの状態空間ではなく時間遅れ座標の再構成状態空間で因果関係を検定するため，その因果関係の枠組みは Granger causality と異なり，embedding causality に分類される (Shi *et al.*, 2022)．理論上，embedding causality による手法は nonseparability の問題を解決できる (Leng *et al.*, 2020; Shi *et al.*, 2022)．

9.2.5　transfer entropy による方法

もう 1 つの重要な考え方は，x から y への情報の流れがどれだけあるか
を定量化する手法，つまり，transfer entropy による手法 (Schreiber, 2000)
である．この手法では，時刻 t での y の状態を与えたときの，時刻 t での x
の値と時刻 $t + 1$ での y の値の相互情報量を測る．x から y への情報の流
れがあるときには，相互情報量は正の値をとる．ここでは，Hirata *et al.*
(2016) の transcripts による実装が有効である．実際に値が正であるかどう
かは，サロゲートデータを用いて評価することになる．サロゲートデータと
しては，ツインサロゲート (Thiel *et al.*, 2006) や時間をランダムにずらし
たサロゲートデータ (Quiroga *et al.*, 2002; Andrzejak *et al.*, 2003) が適切
な選択である．Granger causality と同様に，transfer entropy による手法
は nonseparability の問題がある (Shi *et al.*, 2022)．

9.2.6　直接的結合と間接的結合の識別法

一般に複雑系は，要素群が複雑に結合して相互作用する複雑ネットワーク
から構築されている．したがって，さまざまな複雑な結合様式を同定する必
要を生じる．その典型例に，x から y への直接的結合が存在する場合と，x
から y への直接結合は存在しないが，他のノード z を介して $x \to z \to y$ と
いう x から y への間接的結合が存在する場合の識別が，重要な基礎的課題
となる．この識別のために，Nawrath らによる PARS (PArtial Recurrence
based Synchronization)，Runge による PCMCI，Zhao らによる PMI
(Part Mutual Information) (Zhao *et al.*, 2016)，Leng らによる PCM (Par-
tial Cross Mapping) (Leng *et al.*, 2020)，Shi らによる EE (Embedding
Entropy) (Shi *et al.*, 2022) 法などが提案されている．PCM と EE は em-
bedding causality による手法である．

9.3　解析例

いくつかの例を示そう．ここでは，結合ロジスティック写像を考える．
まずは，次のように相互に結合されたロジスティック写像を考えよう．

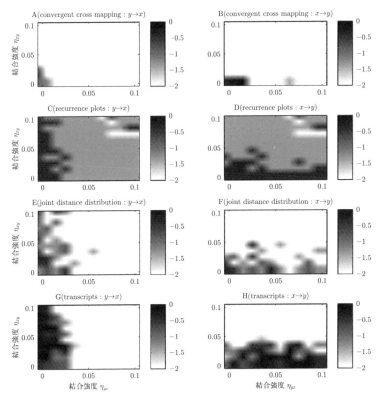

図 9.3 x と y 双方向に結合したロジスティック写像の，方向性結合検定の例．2 つの結合強度を与えたときの，検定の有意水準を 10 を底とする対数を使い，グレースケールで示す．

$$x(t+1) = (1 - \varepsilon_{yx})(3.8x(t)(1 - x(t))) + \varepsilon_{yx}(3.81y(t)(1 - y(t))),$$

$$y(t+1) = (1 - \varepsilon_{xy})(3.81y(t)(1 - y(t))) + \varepsilon_{xy}(3.8x(t)(1 - x(t))),$$

この結合系を用いて，長さ 2000 の時系列データを生成した．このときの結果を図 9.3 に示す．ここでは，リカレンスプロットによる方法，距離の同時分布による方法，transfer entropy による方法を，convergent cross mapping による方法と比較した．その結果，convergent cross mapping による方法だと，$\varepsilon_{yx}(\varepsilon_{xy})$ が強いときに，$\varepsilon_{xy}(\varepsilon_{yx})$ の結合があると判定されてしまっているが，リカレンスプロットによる方法，距離の同時分布による方

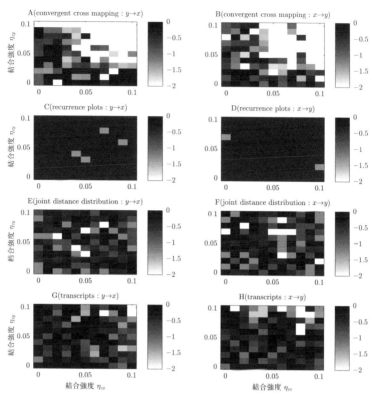

図 9.4 x と y に対して z という共通外力があるロジスティック写像の，方向性結合検定の例．図の見方は，図 9.3 のキャプションを参照．

法，transfer entropy による方法の 3 つの手法を使うと，その点が改善されている．

次に，第 3 の隠れた素子によって駆動されるような次の結合ロジスティック写像を考えよう．

$$x(t+1) = (1 - \varepsilon_{zx})(3.8x(t)(1 - x(t))) + \varepsilon_{zx}(3.82z(t)(1 - z(t))),$$

$$y(t+1) = (1 - \varepsilon_{zy})(3.81y(t)(1 - y(t))) + \varepsilon_{zy}(3.82z(t)(1 - z(t))),$$

$$z(t+1) = 3.82z(t)(1 - z(t)).$$

このときの結果を図 9.4 に示す．convergent cross mapping だと，z から

x, y 両方の結合が強いときに，誤って x と y の間に結合があると判定してしまっているが，他の 3 つの手法を用いる場合には，そのような誤った判定は起こっていない．

最後に，第 3 の隠れた素子によって駆動されてはいるが，相互にも結合しているロジスティック写像を考える．

$$x(t+1) = (1 - \varepsilon_{zx} - \varepsilon_{yx})(3.8x(t)(1 - x(t))) + \varepsilon_{yx}(3.81y(t)(1 - y(t)))$$
$$+\varepsilon_{zx}(3.82z(t)(1 - z(t))),$$
$$y(t+1) = (1 - \varepsilon_{zy} - \varepsilon_{xy})(3.81x(t)(1 - y(t))) + \varepsilon_{xy}(3.8x(t)(1 - x(t)))$$
$$+\varepsilon_{zy}(3.82z(t)(1 - z(t))),$$
$$z(t+1) = 3.82z(t)(1 - z(t)).$$

このときの結果を図 9.5 に示す．このときも，図 9.3 の結果と同様な結果が得られる．すなわち，リカレンスプロットによる方法，距離の同時分布による方法，transfer entropy による方法の 3 つの手法を用いる場合には，convergent cross mapping による手法の場合に比べて，一方の結合が強いときに，もう一方の結合をより正しく判定する傾向にある．

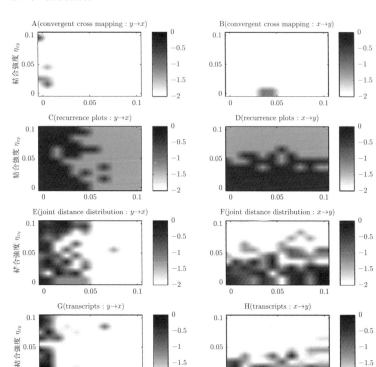

図 9.5 z という共通外力があるなかで，さらに x と y の間に相互結合があるときの，方向性結合の検定の例．図の見方は，図 9.3 のキャプションを参照．

参考文献

R. G. Andrzejak, A. Kraskov, H. Stögbauer, F. Mormann, and T. Kreuz, Bivariate surrogate techniques: Necessity, strengths, and caveats, Phys. Rev. E 68, 066202 (2003).

C. W. J. Granger, Investigating causal relations by econometric models and cross-spectral methods, Econometrica 37, 424–438 (1969).

Y. Hirata and K. Aihara, Identifying hidden common causes from bivariate time series: a method using recurrence plots, Phys. Rev. E 81, 016203 (2010).

Y. Hirata, J. M. Amigo, Y. Matsuzaka, R. Yokota, H. Mushiake, and K. Aihara, Detecting causality by combined use of multiple methods: climate and brain examples, PLoS One 11, e0158572 (2016).

S. Leng, H. Ma, J. Kurths, Y.-C. Lai, W. Lin, K. Aihara, and L. Chen, Partial cross mapping eliminates indirect causal influences, Nat. Commun. 11:2632 (2020).

J. Nawrath, M. C. Romano, M. Thiel, I. Z. Kiss, M. Wickramasinghe, J. Timmer, J. Kurths, and B. Schelter, Distinguishing direct from indirect interactions in oscillatory networks with multiple time scales, Phys. Rev. Lett. 104, 038701 (2010).

R. Q. Quiroga, A. Kraskov, T. Kreuz, and P. Grassberger, Performance of different synchronization measures in real data: A case study on electroencephalographic signals, Phys. Rev. E 65, 041903 (2002).

J. Runge, P. Nowack, M. Kretshmer, S. Flaxman, and D. Sejdinovic, Detecting and quantifying causal associations in large nonlinear time series datasets, Sci. Adv. 5, eaau4996 (2019).

T. Schreiber, Measuring information transfer, Phys. Rev. Lett. 85, 461–464 (2000).

J. Shi, L. Chen, and K. Aihara. Embedding entropy: a nonlinear measure of dynamical causality, J. R. Soc. Interface, 19:20210766 (2022).

J. Stark, Delay embeddings for forced systems, I. Deterministic forcing. J. Nonlinear Sci. 9, 255–332 (1999).

G. Sugihara et al., Detecting causality in complex ecosystems, Science 338, 496–500 (2012).

M. Thiel, M. C. Romano, J. Kurths, M. Rolfs, and R. Kliegl, Twin surrogates to test for complex systems, Europhys. Lett. 75, 535–541 (2006).

J. Zhao, Y. Zhou, X. Zhang, and L. Chen, Part mutual information for quantifying direct associations in networks, Proc. Natl. Acad. Sci. USA, 113, 5130–5135 (2016).

状態遷移の予兆検知

本章では，分岐現象による状態遷移の予兆を検知する問題を考える．この問題は，理論物理学の分野では，1次元時系列データの現象としては臨界減速 (critical slowing down) として古くから知られていたが，この理論を高次元に拡張して，複雑系の状態遷移の予兆検知を可能とした動的ネットワークマーカー (DNM: Dynamical Network Markers) の概念を紹介する．

- 学習目標：状態遷移の予兆検知の原理を学ぶ．

- キーワード：状態遷移，予兆，臨界減速，動的ネットワークマーカー，動的ネットワークバイオマーカー

10.1 | 非線形システムの局所分岐と臨界点の性質

非線形力学系のパラメータ値が変化するとき，アトラクタの生成や消滅による動力学構造の定性的変化に伴う状態遷移が広く観察される．このような現象は，分岐現象と呼ばれる．系の非線形性や動力学構造に依存して，さまざまな分岐現象が生じるが，特に広くみられるのは，1パラメータの変化に伴って考察の対象となるアトラクタの近傍で分岐現象が生じる場合で，余次元1の局所分岐と呼ばれる (Guckenheimer and Holmes, 1983; Chen *et al.*, 2010). 連続時間力学系の平衡点の余次元1の局所分岐としては，サドル・ノード分岐とホップ分岐が，離散時間力学系の不動点や周期点の余次元1の局所分岐としては，サドル・ノード分岐，ネイマルク・サッカー分岐，周期倍分岐がある．図 10.1 に，複素平面上で，平衡点や不動点，周期点に

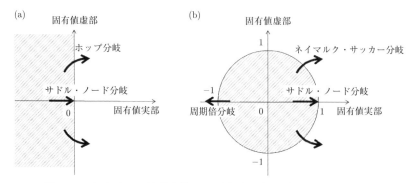

図 10.1　余次元 1 の局所分岐. (a) 連続時間力学系の平衡点の分岐,
(b) 離散時間力学系の不動点や周期点の分岐.

おけるヤコビアン行列の固有値と各分岐の関係を表す.

　力学系理論においては通常, 簡単のためにノイズを無視して分岐解析を行
う. しかしながら, 時系列データを観測する実在の非線形システムでは, ノ
イズの存在は不可避である. このようなノイズのある非線形システムは, 数
学的には確率微分方程式やランダム力学系 (Arnold, 1998) として解析され
ている.

10.2 ｜ 観測データによる低次元システムの分岐点検出と臨界減速

　まずはじめに, 1 次元非線形システムの分岐点検出に大きく貢献した臨界
減速 (critical slowing down) 現象について説明しよう. 典型例として, 安
定平衡点のサドル・ノード分岐 (図 10.2) に伴う臨界減速とその分岐点検
出への応用を考える. ポテンシャルエネルギーを持つ, 微小ノイズが存在す
るシステムを仮定して, 分岐点から遠くて安定性の強い平衡点と分岐点直前
の臨界状態にある平衡点の周りでのゆらぎの振る舞いを図 10.3 に表す. 安
定性が強い場合は, ノイズで摂動されてもゆらぎは小さい. これに対して,
分岐点に近い臨界状態にある場合, 同様のノイズで摂動されても大きくかつ
強自己相関性を有してゆらぐことになる.

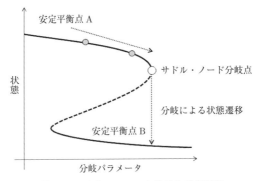

図 10.2 サドル・ノード分岐と状態遷移

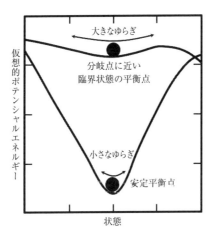

図 10.3 仮想的ポテンシャルエネルギーと平衡点. 分岐点から遠い安定性の強い平衡点と分岐点に近い臨界状態の平衡点とゆらぎ.

　この臨界状態におけるゆらぎを詳しく考えてみよう. 臨界状態はサドル・ノード分岐点の直前であるため, 連続時間力学系の平衡点の場合, ヤコビアン行列の分岐する実固有値が 0 に負の方向から近づく (離散時間力学系の場合は, 実固有値が 1 より小さい方向から 1 に近づく). したがって, ノイズで摂動されるとゆらぎが大きくなるとともにゆらぎが変化する時定数も大きくなる. すなわち, 臨界状態においては, 大きくゆっくりとゆらぐようになる. したがって, ゆらぎの自己相関も大きくなる. そして, 平衡点から少

し摂動したときの平衡点への戻り方が分岐点に近づくにつれて次第に遅くなる．これが，臨界減速という名称の由来である (Scheffer, 2009; Scheffer *et al.*, 2012).

10.3　観測データによる高次元システムの分岐点検出と動的ネットワークマーカー

　臨界減速によって，分岐現象，したがって状態遷移の予兆が検出できることは 1 次元の時系列データ解析としては古くから知られていたが，高次元の複雑系に関する状態遷移の予兆検出理論は十分には構築されていなかった．このような高次元の複雑系においても，臨界状態においては特有のゆらぎが生成され，このゆらぎを検出することによって複雑系の状態遷移の予兆が検出できることが陳と合原らによって示された (Chen *et al.*, 2012).

　一般に複雑系は高次元力学系として近似的にモデル化されるが，このような高次元力学系においても広くみられる分岐は，やはり余次元 1 の局所分岐である．したがって，安定平衡点が不安定化する際のヤコビアン行列の固有値は，図 10.1 と同様に多くの場合 1 つの実数固有値か 2 つの共役複素数固有値であり，パラメータ値が分岐点に近づくとき，複雑系の振る舞いは各々 1 次元か 2 次元の中心多様体上で解析することが可能となる (Guckenheimer and Holmes, 1983).　さらに，近似的には 1 次元か 2 次元の線形接空間上で議論することが可能である．このような 1 次元や 2 次元の線形接空間上でさらにノイズの効果も考慮して，高次元線形確率微分方程式を解析することにより，複雑系において臨界状態で観測されるゆらぎは，以下のように特徴づけられることが明らかとなった (Chen *et al.*, 2012; R. Liu *et al.*, 2014, 2015).

　複雑系の変数のなかで，特に大きくゆらぐ変数群が存在する．これらは，強い正または負の相関を持ってゆらぐ．これらの変数群を，動的ネットワークマーカー DNM (Dynamical Network Markers) と呼ぶ．

　DNM の変数群を $M = \{x_1, x_2, \ldots, x_N\}$, で表す．パラメータ値が分岐点に近づくとき，線形近似下で下記の 2 つの特性を持つゆらぎが観測される．

(1) M の任意の要素 x_i に関して，$SD(x_i) \to \infty$，ここで，SD はゆらぎの標準偏差 (standard deviation) を表す．

(2) M の任意の要素 x_i, x_j に関して，$PCC = (x_i, x_j) \to \pm 1$，ここで，$PCC$ は x_i, x_y のゆらぎのピアソン相関係数 (Pearson correlation coefficient) を表す．

上記の (1)，(2) のゆらぎ特性に基づいて，下記の指標を定義する (Chen *et al.*, 2012).

$$I = SD_d \cdot PCC_d \tag{10.1}$$

ここで，

SD_d：M の要素の平均標準偏差，

PCC_d：M の要素間の PCC 値の絶対値の平均値．

(10.1) 式の DNM 指標 I は，分岐点に近づくにつれて増大するため，状態遷移を生じる前にその予兆を検出することが可能となる．

状態遷移直前のゆらぎに関しては，離散時間系の場合，次式のように共分散行列 C を用いて統一的に表現することも可能である (Oku and Aihara, 2018).

$$\lim_{\lambda_d \to \pm 1} (1 - \lambda_d^2) C = \tilde{D}_{dd} p_d p_d^t, \tag{10.2}$$

ここで，

λ_d：分岐するヤコビアン行列の実固有値（サドル・ノード分岐，周期倍分岐の場合），

$\tilde{D}_{dd}$：正の実数，

p_d：λ_d に対応する固有ベクトル．

10.4 強いノイズを有するシステムの臨界点検出理論と方法

前節の議論は，分岐点近傍でゆらぎを解析したもので，比較的ノイズの小さい非線形確率微分方程式に関する理論である．比較的ノイズの小さい非線形システムにおいては，(10.1) 式のように 2 次モーメント（相関係数，

標準偏差など）から構成された指標の増大で臨界点検出ができる．次に本節では，よりノイズが大きいときの状態遷移について論じておこう (R. Liu *et al.*, 2015; Shi *et al.*, 2016).

　ゆらぎの強度が増大すると，分岐点から遠いパラメータ値においても，大きなゆらぎによってアトラクタの引き込み領域の境界を越えて，状態遷移をゆらぎ誘起的に生じるようになる．すなわち，2 次モーメントから構成された条件では状態遷移の予兆検知には不十分で，より高次モーメントあるいはキュムラントの条件が必要となる．このような場合，ゆらぎのキュムラントをあらたに変数とすることにより，前節の理論を同様に用いることができる可能性がある (R. Liu *et al.*, 2015).

　さらにノイズが強くなると，2 つ，場合によってはそれ以上のアトラクタ間をノイズによって状態遷移することを繰り返す状況を生じる (Shi *et al.*, 2016).

10.5 ｜ 動的ネットワークバイオマーカーによる未病検出

　10.3 節で紹介した DNM は，もともとは疾病前状態，すなわちもうすぐ発病することを発病前に検知して超早期治療を可能にすることを目的に考案された (Chen *et al.*, 2012). つまり，図 10.2 を例にすれば，安定平衡点 A の健康状態アトラクタから安定平衡点 B の疾病状態アトラクタへの状態遷移の予兆の検出である．これを，動的ネットワークバイオマーカー (DNB: Dynamical Network Biomarkes) と呼ぶ (Chen *et al.*, 2012). 疾病前状態は，いわゆる未病状態に対応する．

　未病は最近世の中の注目を広く集めているが，通常健康状態と疾病状態の間の状態といったようなあいまいな定義でとらえられることが多いため，残念ながらいまだ科学的な解明は十分ではない．これに対して，DNB は分岐理論を用いて未病を数学的に定義しているため，この定義の未病に関しては，10.3 節で説明した DNM 指標 *I* のように定量化した指標を用いて未病を検知することが可能となって，定量的解析を行うことができる．

　実際これまでの研究で，H3N2 型インフルエンザなどの急性疾患 (X. Liu

et al., 2019; R. Liu *et al.*, 2015; R. Liu *et al.*, 2021; Gao *et al.*, 2022)，肝臓がんの転移 (Yang *et al.*, 2018)，乳がんの抗がん剤耐性 (X. Liu *et al.*, 2019)，PM2.5 による肺がんの発症 (Chen *et al.*, 2022)，皮膚疾患 (Zhang *et al.*, 2021)，さらにはメタボリックシンドロームのような慢性疾患 (Koizumi *et al.*, 2019) に関しても，DNB 理論の有効性が確認されている．また，前節で述べたような，ノイズに誘起されてアトラクタ間の遷移を繰り返す現象も，心房細動などで観測されている (Lan *et al.*, 2020)．DNB の概念は，未病研究（合原，岡田編，2023）に大きな科学的進展をもたらすことが期待されている．

参考文献

合原一幸，岡田随象編，特集「未病の科学」，『生体の科学』74 巻 2 号，公益財団法人金原一郎医学医療振興財団 (2023).

L. Arnold, Random Dynamical Systems, Springer, Berlin (1998).

L. Chen, R. Wang, C. Li, and K. Aihara, Modelling Biomolecular Networks in Cells: Structures and Dynamics, Springer-Verlag, London (2010).

L. Chen, R. Liu, Z. Liu, M. Li, and K. Aihara, Detecting early-warning signals for sudden deterioration of complex diseases by dynamical network biomarkers, Sci. Rep. 2, 342 (2012).

S. Chen, D. Li, D. Yu, M. Li, L. Ye, Y. Jiang, S. Tang, R. Zhang, C. Xu, S. Jiang, Z. Wang, M. Aschner, Y. Zheng, L. Chen, and W. Chen, Determination of tipping point in course of PM2.5 organic extracts induced malignant transformation by dynamic network biomarkers, J. Hazard. Mater. 426, 128089 (2022).

R. Gao, J. Yan, P. Li, and L. Chen, Detecting the critical states during disease development based on temporal network flow entropy, Brief. Bioinform. bbac164 (2022).

J. Guckenheimer and P. Holmes, Nonlinear Oscillations, Dynamical Systems, and Bifurcations of Vector Fields, Springer (1983).

K. Koizumi *et al.*, Identifying pre-disease signals before metabolic syndrome in mice by dynamical network biomarkers, Sci. Rep. 9, 8767 (2019).

B. L. Lan *et al.*, Flickering of cardiac state before the onset and termination of atrial fibrillation, Chaos 30, 053137 (2020).

R. Liu, P. Chen, K. Aihara, and L. Chen, Identifying early-warning signals of critical transitions with strong noise by dynamical network markers, Sci. Rep. 5, 17501; doi: 10.1038/srep17501 (2015).

R. Liu, X. Wang, K. Aihara, and L. Chen, Early diagnosis of complex diseases by molecular biomarkers, network biomarkers, and dynamical network biomarkers, Med. Res. Rev. 34, 455–478 (2014).

R. Liu, H. Wang, K. Aihara, M. Okada, and L. Chen, Hunt for the tipping point during endocrine resistance process in breast cancer by dynamic network biomarkers, J. Mol. Cell Biol. 11,649–664 (2019).

R. Liu, J. Zhong, R. Hong, E. Chen, K. Aihara, P. Chen, and L. Chen, Predicting local COVID-19 outbreaks and infectious disease epidemics based on landscape network entropy, Sci. Bull. 66, 2265–2270 (2021).

X. Liu, X. Chang, S. Leng, H. Tang, K. Aihara, and L. Chen, Detection for disease tipping points by landscape dynamic network biomarkers, Natl. Sci. Rev. 6, 775–785 (2019).

M. Oku and K. Aihara, On the covariance matrix of the stationary distribution of a noisy dynamical system, Nonlinear Theory and Its Applications, IEICE 9, 166–184 (2018).

M. Scheffer, Critical Transitions in Nature and Society, Princeton University Press, Princeton and Oxford (2009).

M. Scheffer et al., Anticipating critical transitions, Science 338, 344–348 (2012).

J. Shi, T. Li, and L. Chen, Towards a critical transition theory under different temporal scales and noise strengths, Phys. Rev. E 93, 032137, DOI: 10.1103/PhysRevE.00.002100 (2016).

B. Yang, M. Li, W. Tang, W. Liu, S. Zhang, L. Chen, and J. Xia, Dynamic network biomarker indicates pulmonary metastasis at the tipping point of hepatocellular carcinoma, Nat. Commun. 9, 678 (2018).

C. Zhang, H. Zhang, J. Ge, T. Mi, X. Cui, F. Tu, X. Gu, T. Zeng, and L. Chen, Landscape dynamic network biomarker analysis reveals the tipping point of transcriptome reprogramming to prevent skin photodamage, J. Mol. Cell Biol. 13, 822–833 (2021).

第11章 高次元性，非定常性，確率論性への対処技術

　非線形時系列解析手法が高度に発展してきた現在においても，高次元性，非定常性，確率論性は，時系列データを解析するうえでいまだに非常に厄介な性質である．本章と次章では，これらの性質を克服するために開発された，それぞれの対処技術を紹介する．

- 学習目標：高次元性，非定常性，確率論性への対処の仕方が，理解できる．

- キーワード：recurrence plot of recurrence plots，無限次元の遅れ座標，Muldoon の埋め込み定理，予測座標

11.1 大局的な情報の必要性

　時系列データがたいへん長かったり，変数がたくさんあったりするとき，時系列データの背後にある大局的な情報を知ることが重要になる．というのも，高次元のシステムから生成された時系列データは，複雑な振る舞いをするが，細かい変動に目を奪われると，大局的な本質的変化を見逃す恐れがあるためである．このような場合，一般的な方法としては，低次元空間に落として視覚化したり，いくつかのクラスに分類したりする方法がとられてきていた．これに対して，第 10 章で解説した DNM や DNB に加えて，複雑なデータの視覚化などに適した，新しいデータ解析手法を紹介する．

11.1.1　従来の技術

大局的な変化を取り出す従来の典型的な技術を 2 つ紹介する．1 つは，変化の大きい成分だけを取り出す主成分分析，もう 1 つは，似た成分同士をまとめるクラスタリングである．

主成分分析

主成分分析は，多くの変数の変化を少数のベクトルの変化で代表させる方法である (Gershenfeld, 1999)．この手法は，一般的に線形代数における固有値，固有ベクトルを求める方法に変換される．固有値の大きな成分から順々にとってきたとき，何 % の情報が表現できているかということを評価することで，重要な情報を保存しつつ，次元の圧縮が可能になる．

クラスタリング

もう 1 つ，広く使われる方法は，クラスタリングである (Gershenfeld, 1999)．クラスタリングでは，点の分布，ここでは，時系列データを，いくつかのクラスに分ける．大雑把に，どのような変化の時系列データがあるのかを知るのには，有効な方法になる．代表的な方法として，k-means 法がある (Gershenfeld, 1999)．

11.1.2　Recurrence Plot of Recurrence Plots

主成分分析とクラスタリングに欠けている視点は，大局的な変化が，どの時間で起きているかを示す視点である．そこで，筆者らが考えたのが，リカレンスプロットを階層的に用いる Recurrence Plot of Recurrence Plots である (Fukino *et al.*, 2016)．まずは，細かい時間スケールで，ユークリッド距離を用いて，時間幅 W の距離行列を求める．そうすると，時間とともに，時間幅 W の距離行列の系列ができる．続いて行うのは，この距離行列同士を比較して距離行列間の距離を計算し，それを再びリカレンスプロットとして表示することである．これが，「階層的」と表現される所以である．

例として，モーツァルトのきらきら星の Recurrence Plot of Recurrence Plots の例を，吹野美和氏より提供いただいた（図 11.1）(Fukino *et al.*,

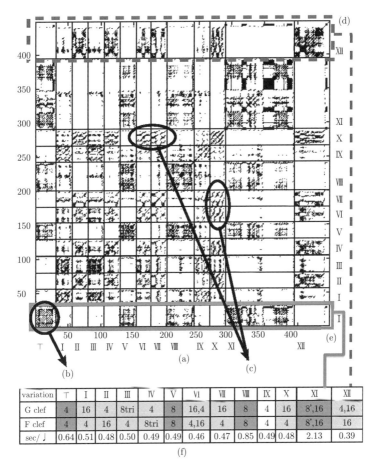

variation	T	I	II	III	IV	V	VI	VII	VIII	IX	X	XI	XII
G clef	4	16	4	8tri	4	8	16,4	16	8	4	16	8',16	4,16
F clef	4	4	16	4	8tri	8	4,16	4	8	4	4	8',16	16
sec/♩	0.64	0.51	0.48	0.50	0.49	0.49	0.46	0.47	0.85	0.49	0.48	2.13	0.39

(f)

図 11.1　Recurrence Plot of Recurrence Plots の例（モーツァルトの
きらきら星．Fukino *et al.*, Chaos, 2016 の Fig. 9 より．吹野氏より
提供を受けた）．(a) のパネルは，閾値 ε_r を 0.1 に選んだ場合の Recur-
rence Plot of Recurrence Plots. ただし，縦軸・横軸の単位は，秒．(b)
は，この曲のテーマに対応する部分．(c) は，X の変奏部分と，VI+VII
の変奏部分間の関係に対応する部分．(d) は，XII の変奏部分と他の変奏
部分に対応する部分．(e) は，この曲のテーマと，他の変奏部分に対応す
る部分．(f) は，それぞれの変奏の拍子をまとめた表．

2016). このように，本手法を楽曲に用いると，似た旋律が起こっていると
ころに斜めの線が観察できたり，曲のテンポが速くなったり遅くなったりす
る様子をリカレンスプロット上でとらえることができる．

11.2 無限次元の時間遅れ座標

　古典的な時間遅れ座標の方法で高次元の対象を扱おうと思うと，さまざま
な困難が待ち構えている．たとえば，時間遅れ座標が対象に関する適切な再
構成手法といえるかどうかといった問題や，高次元性や非定常性ゆえに計算
に時間がかかるといった問題である．そこで，筆者らが開発したのが，新し
い種類の状態再構成の方法である．この無限次元の時間遅れ座標では，今ま
で時間遅れ座標を構成するときに必要だった，時間遅れや埋め込み次元のパ
ラメータ選択の問題を簡略化することができるとともに，非定常な対象を解
析するうえでの解決策を与える．また，複数の表現が得られるが，それらは
無駄なく，次の章で扱う複数予測の統合に使える．

11.2.1　従来の時間遅れ座標の問題点

　これまで見てきたように，時間遅れ座標によるアトラクタ再構成法は，非
線形時系列解析の手法を用いるうえで，最も基本となる重要な手法である．
時間遅れ座標を用いるためには，時間遅れと埋め込み次元という 2 つのパ
ラメータを指定する必要があった．Takens の埋め込み定理の意味の時間遅
れ座標では，時間遅れは，相互情報量の最初の極小値を使って，埋め込み次
元は，誤り近傍法を使って，それぞれ適切に決定することができた．

　また，時間遅れ座標は，単純な状態空間の再構成にとどまらず，ゆっくり
と時間変化する外力の抽出や方向性結合の検定にも用いることができる．し
かしながら，これらの目的に用いる場合は，今のところ，適切な時間遅れや
埋め込み次元の決め方は知られていない．

11.2.2　無限次元時間遅れ座標の定義

　11.2.1 項の従来の時間遅れ座標の問題点を同時に解決する手法として，無

限次元の時間遅れ座標 (Infinite Dimensional Delay Coordinates, InDDeCs; Hirata *et al.*, 2015) が提案されている.

これは, 次のような仮想的な無限次元のベクトルを考えるものである：

$$\vec{S}_\lambda(t) = (s(t), \lambda s(t-1), \lambda^2 s(t-2), \dots).$$

ここで, $0 < \lambda < 1$ と選ぶ. このようにすることで, 過去の値は, 過去にさかのぼるにつれて, 単位時間ごとに λ で割り引かれていくことになる.

11.2.3 計算の実装

無限次元のベクトルは, 扱いが難しいように思われるかもしれない. しかし, 2つのベクトルの L_1 ノルム $||\vec{S}_\lambda(t_1) - \vec{S}_\lambda(t_2)||_{L_1}$ が

$$||\vec{S}_\lambda(t_1) - \vec{S}_\lambda(t_2)||_{L_1} = \sum_{i=0}^{\infty} \lambda^i |s(t_1-i) - s(t_2-i)|$$

と与えられているとき, $||\vec{S}_\lambda(t_1+1) - \vec{S}_\lambda(t_2+1)||_{L_1}$ は,

$$
\begin{aligned}
||\vec{S}_\lambda(t_1+1) - \vec{S}_\lambda(t_2+1)||_{L_1} &= \sum_{i=0}^{\infty} \lambda^i |s(t_1+1-i) - s(t_2+1-i)| \\
&= |s(t_1+1) - s(t_2+1)| + \sum_{i=1}^{\infty} \lambda^i |s(t_1+1-i) - s(t_2+1-i)| \\
&= |s(t_1+1) - s(t_2+1)| + \lambda \sum_{i=0}^{\infty} \lambda^i |s(t_1-i) - s(t_2-i)| \\
&= |s(t_1+1) - s(t_2+1)| + \lambda ||\vec{S}_\lambda(t_1) - \vec{S}_\lambda(t_2)||_{L_1}
\end{aligned}
$$

となる. つまり, 過去に計算した $||\vec{S}_\lambda(t_1) - \vec{S}_\lambda(t_2)||_{L_1}$ の値を再利用することで, $||\vec{S}_\lambda(t_1+1) - \vec{S}_\lambda(t_2+1)||_{L_1}$ の値が小さい計算コストで求まる.

また, 従来の時間遅れ座標とは異なり, 過去の値の効果は, ある時点で急になくなることはなく, 緩やかに減衰する. また, 従来の時間遅れ座標は, 高次元にすると, 安定多様体の方向にひずむことが知られているが, その効果が無限次元の時間遅れ座標では改善される.

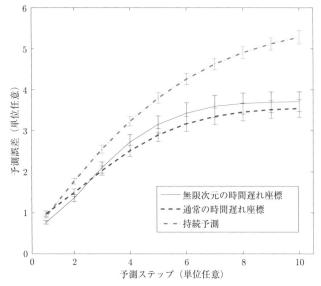

図 11.2 Lorenz'96I モデルを用いたときの予測誤差．1, 2 ステップ先の予測において，無限次元の時間遅れ座標は，通常の時間遅れ座標を用いた場合に比べて優れていて，それ以上長くなると，平均的には若干劣るが，その差は優位ではない．

11.2.4 解析例

時系列予測

　時系列予測の例を挙げる．ここでは，Lorenz'96I モデルから生成した時系列データを予測した結果を図 11.2 に示す．特に，1, 2 ステップ先の予測で，通常の時間遅れ座標を用いたときよりもよい予測になっている．また具体的な応用例として，無限次元の時間遅れ座標により，早朝の日射量の時系列予測が改善できることが報告されている (Hirata and Aihara, 2017a)．

ゆっくりとした外力の再構成

　無限次元の時間遅れ座標が最も力を発揮するのは，Stark の埋め込み定理を用いるような場合である．というのも，Stark の埋め込み定理を用いると

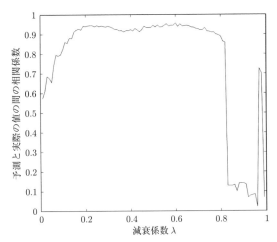

図 11.3　ゆっくりとした外力の再構成の精度．広い範囲のパラメータ λ
で，高精度でゆっくりとした外力が再構成できる．

き，実用上有効な埋め込み次元の求め方は知られていないからである．ここ
では，第 4 章で使ったのと同じ例を解析してみる．

　結果を図 11.3 と図 11.4 に示す．幅広いパラメータ λ の領域で，高い精度
でゆっくりとした外力が再構成できている．このように，見た目の精度で
も，相関係数を用いても，通常の時間遅れ座標を用いた場合と同程度の性能
が期待できる．また，実行時間が通常の 10 次元の時間遅れ座標を使う場合
と比べて半分以下の 6.67 秒で計算できており（ノートパソコン 2 GHz クア
ッドコア Intel Core i5/16 GB メモリ），計算時間の短縮も期待できる．

方向性結合の検定

　第 9 章で解析した結合ロジスティック写像系での方向性結合の検定の問
題を無限次元の時間遅れ座標の方法を用いて解析し直してみると，その結果
は，図 11.5 に示すように，定性的には本来の時間遅れ座標を用いたときと
ほぼ変わらない．

　これらの例で見てきたように，無限次元の時間遅れ座標は，通常の時間遅
れ座標と計算精度としては同程度の計算がより高速に実現できる．また，埋

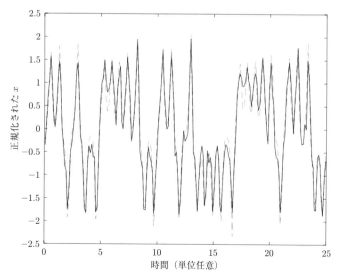

図 11.4 ゆっくりとした外力の再構成の例．$\lambda = 0.5$ の場合．図 4.3 の
キャプションを参照．

め込み次元を決めなくてもよい点が，Stark の定理の応用を行うときに有益
な性質である．

11.3 | ダイナミカルノイズを想定した埋め込み定理，その拡張としての予測座標

　確率論性を考慮して，ダイナミカルノイズがある状況にも埋め込み定理は
拡張されている．この節では，それらの埋め込み定理を用いて複数の時系列
予測を統合することで，ダイナミカルノイズを再構成する技術に関して解説
する．

11.3.1　Stark らの埋め込み定理

　Stark ら (2003) の定理では，確率的な変動が与えられていれば，ゆるい
制約条件の下で，初期値と時間遅れ座標が 1 対 1 に対応する．確率的な変

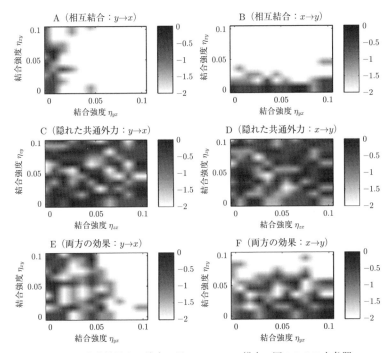

図 11.5 方向性結合の検定の例．$\lambda = 0.5$ の場合．図 9.3-9.5 を参照．

動の情報が与えられる場合もあるかもしれないが，一般的には，確率的な変動は，未知であることが多い．

11.3.2 Muldoon らの埋め込み定理

Muldoon ら (1998) の埋め込み定理では，確率的な変動の次元の 2 倍以上の数の観測が得られていると仮定する．その仮定の下で，連続する 2 つの時刻の全観測を並べてベクトル，つまり，時間遅れ座標を構成すると，その時間遅れ座標は，元々の状態と確率的な変動の組と 1 対 1 に対応する．しかし，実際上の問題では，観測量を多く準備することができない場合が現在でも多い．他方で，センサーや IoT 技術の進歩で，たくさんの観測量を計測する費用が下がりつつあるため，そのような高次元データの活用方法がより一層重要になってきている（次章を参照）．

11.3.3　予測座標

Muldoon ら (1998) の定理を低次元の観測時系列データに応用するために考えられたのが，予測座標である (Hirata, 2018; Hirata *et al.*, 2021)．この手法のポイントは，減衰定数の異なる無限次元の遅れ座標等を用いて，複数の時系列予測を構成し，それらの予測を並べてベクトルを作り，これらが異なる観測であると仮定することにある．Hirata (2018) の論文では，このようにして作った予測座標によって，確率的な変動が再構成できることが示されている．また，再構成された確率的変動と Stark ら (2003) の定理を合わせて用いることにより，時系列予測が若干改善されることも示された．

参考文献

A. Chernov and F. Zhadanov, Prediction with expert advice under discounted loss, In Proc. Of ALT 2010, Lecture Notes in Artificial Intelligence 6331, 255–269 (2010).

M. Fukino, Y. Hirata, and K. Aihara, Coarse-graining time series data: Recurrence plot of recurrence plots and its application for music, Chaos 26, 0223116 (2016).

N. Gershenfeld, The Nature of Mathematical Modeling, Cambridge University Press (1999).

Y. Hirata, T. Takeuchi, S. Horai, H. Suzuki, and K. Aihara, Parsimonious description for predicting high-dimensional dynamics, Sci. Rep. 5, 15736 (2015).

Y. Hirata and K. Aihara, Improving time series prediction of solar irradiance after sunrise: Comparison among three methods for time series prediction, Solar Energy 149, 294–301 (2017a).

Y. Hirata and K. Aihara, Dimensionless embedding for nonlinear time series analysis, Phys. Rev. E 96, 032219 (2017b).

Y. Hirata, Reconstructing latent dynamical noise for better forecasting observables, Chaos 28, 033112 (2018).

Y. Hirata, J. M. Amigó, S. Horai, K. Ogimoto, and K. Aihara, Forecasting wind power ramps with prediction coordinates, Chaos 31, 103105 (2021).

M. R. Muldoon, D. S. Broomhead, J. P. Huke, and R. Hegger, Delay embedding in the presence of dynamical noise, Dynamics and Stability of Systems 13, 175–186 (1998).

J. Stark, D. S. Broomhead, M. E. Davies, and J. Huke, Delay embedding for forced systems. II. Stochastic forcing, J. Nonlinear Sci. 13, 519–577 (2003).

第12章 多変数短期時系列データの非線形予測：ランダム分布埋め込み法と埋め込み空間の変換

本章では，たくさんの変数の同時計測からなる短い時系列データから，重要なターゲット変数の将来の変化を高精度に予測するための解析手法とその実データ予測への応用例を紹介する．特に，高次元情報を利用するランダム分布埋め込み (RDE: Randomly Distributed Embedding) 法のアルゴリズム（線形写像アルゴリズムと非線形写像アルゴリズム）を詳細に説明する．そして，応用例として，遺伝子発現量，風速などの実際の時間データに対しての予測例を取り上げる．

- 学習目標：多変数の短時系列データを使って，非線形予測ができるようになる．

- キーワード：埋め込み，短時系列データ，多変数時系列データ，ニューラルネットワーク，予測学習，時系列予測，脳，知能

12.1 前提

一般に，生体，経済，電力網のような複雑系においては，たくさんの変数が複雑なネットワーク構造を介して相互に影響する．その結果，システムの各変数の情報がたくさんの変数に分散されて保持されることになる．そのため，短時間の時系列データでも，たくさんの変数が同時に計測されれば，ターゲット変数の動的情報がこれらの観測データに十分含まれている．したがって，その情報を抽出する理論と方法が重要な研究テーマとなる．

一方，複雑系のダイナミクスを表現する変数および複雑系の振る舞いに影

響するパラメータは非常に多数であるが，その安定状態は一般には散逸性があるため比較的低次元である．すなわち，複雑系の振る舞いは，数学的にはその高次元状態空間内にある低次元の安定状態（アトラクタ）によって記述される．したがって，時間遅れ座標を用いなくても同時計測した多数の観測量を用いた非時間遅れ埋め込み定理により，計測した多変数の時系列からこのアトラクタを推定することができる．この再構成アトラクタは，ターゲット変数ダイナミクスの関連情報も含んでいる．したがって，本章で示すように，ランダム分布埋め込み (RDE) 法と時間遅れ埋め込み空間の変換により，同時計測した多変数の短時間の時系列データからターゲット変数の関連情報を集約し，そのターゲット変数の将来の変化を高精度に予測することが可能となる．

　一般に長時間の時系列データの計測は容易ではない．たとえば，遺伝子発現量の時系列データの計測は，極めて困難である．また，多くの複雑系は，長時間観測を続けると，時間とともにシステムの特性自体が変化する非定常性を有する．そのため，たとえ長時間のデータを測定しても，過去の観測データの情報を現在のシステムの状態予測に活用するには限界がある．他方で，短い時間内であれば，対象システムは定常状態に近いと考えられるので，たとえ長時間では非定常なシステムに対しても，多変数短時間時系列データからの予測は有効である．

　本章では，たくさんの観測変数からランダムに変数を選んでその時点でのアトラクタを推定することにより，ターゲット変数の情報を抽出するランダム分布埋め込み (RDE) 法 (Ma *et al.*, 2014a; Ma *et al.*, 2014b; Ma *et al.*, 2018) を紹介する．この手法に基づき，特定のターゲット変数の将来の予測値を多数回推定することによって，それらの統計処理で，精度の高い予測が可能になった．図 12.1 は多変数の短時系列データから特定のターゲット変数 x_m, x_k の長時間予測を実現する RDE 法の概念図である．また，RDE 法は，対象の数理モデルを一切必要としないため，短い期間の観測データのみを用いた数理的データ処理によって予測器を構築することができるだけでなく，上述のように非定常システムにも有効である．

　非線形システムの観点からは，安定状態が分岐点に近いか否かにより，

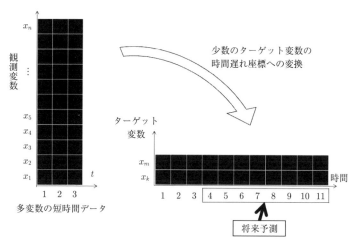

図 12.1 ランダム分布埋め込み (RDE) 法の原理. 高次元の同時計測短時間時系列データを特定のターゲット変数の長時間時系列情報（時間遅れ座標）に変換して，ターゲット変数の将来を予測する.

予測方法が異なる．システムの安定状態が分岐点に近い臨界状態にある場合には，その状態遷移の予測に，第 10 章で紹介した，安定状態の分岐点近傍での中心多様体上での動的性質を利用した DNM (Dynamical Network Marker) 法あるいは DNB (Dynamical Network Biomarker) 法 (Chen *et al.*, 2012; Liu *et al.*, 2015; Liu *et al.*, 2019) が有効である．他方で，分岐点から遠い場合は，安定状態のアトラクタを表現する低次元空間の動的性質を利用した RDE 法がそのダイナミクスの予測に有効である．RDE 法を適用するための対象システムと観測データの条件は次のようになる (Ma *et al.*, 2014a; Ma *et al.*, 2014b; Ma *et al.*, 2018).

(1) 対象の複雑系のダイナミクスの変数が非常に多数であっても，その安定状態を表すアトラクタは，散逸性によって一般に比較的低次元である．すなわち，複雑系の振る舞いは，数学的にはその高次元状態空間内にある低次元の安定状態の空間によって記述できる．この世の中の多くの実在システムは散逸系であるためこの条件を満たしている.

(2) 測定変数は同じ複雑系の状態を計測した変数である．すなわち，測定

した変数は，同一のアトラクタに起因したものである.

(3) 測定したデータのノイズは大きくない．すなわち，対象の複雑系は決定論的ダイナミクスに主として支配されている.

(4) たくさんの変数を同時に計測できる．すなわち，高次元の時系列データが測定されている.

(5) 短期間内では，対象のシステムが近似的に定常である.

以上の条件を満たす複雑系の観測時系列データがあれば，RDE 法は，高次元の短時間時系列データを特定のターゲット変数のより長時間の時系列情報に時間遅れ座標を介して変換することによって，高精度予測を実現することができる．対象の複雑系が非定常システムでも，このような短い期間の観測と予測においては，定常システムとして近似できる.

12.2 ランダム分布埋め込み (RDE) 法と埋め込み空間の変換の原理

　時刻 t でのデータは n 変数 $x_1(t), x_2(t), \ldots, x_n(t)$ で，時間間隔 τ で T 点観測されたとする．ここで，時刻 t の n 変数を $\hat{X}(t) = (x_1(t), x_2(t), \ldots, x_n(t))$ の実数ベクトルで表し，$t = 1, 2, \ldots, T$（T：正の整数）とする．n 変数から成る $\hat{X}(t)$ のなかに含まれる特定のターゲット変数（スカラー変数）を $y(t) = x_k(t)$ とする．対象システムのアトラクタのボックスカウント次元を d とする．時間遅れ座標埋め込み定理の十分条件は埋め込み次元 $L > 2d > 0$ である (Sauer et $al.$, 1991)．この時間遅れ座標埋め込み定理によって，ターゲット変数 $y(t) = x_k(t)$ の時系列データからアトラクタを再構成することができる（図 12.2 の左図）．一方，n 変数から m 個の変数 ($m < n, m > 2d$) をランダムに選ぶと，同時観測多変数データに関する非時間遅れ埋め込み定理から，直接的にアトラクタを再構成することができる (Deyle and Sugihara, 2011)（図 12.2 の右図）．そこで，これらの埋め込み定理に基づいて，この 2 つの再構成アトラクタを 1 対 1 に対応させる写像が存在する．すなわち，2 つの再構成アトラクタ間に，以下で与えられるなめらかな微分同相写像　$\psi : \mathbb{R}^m \to \mathbb{R}^L$ が存在する (Ma et $al.$, 2014a; Ma et

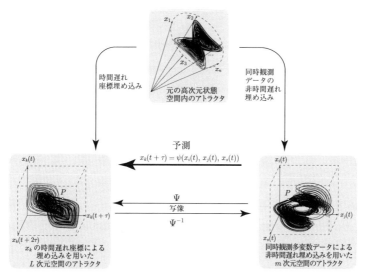

図 **12.2**　時間遅れ再構成アトラクタと非時間遅れ再構成アトラクタの間
の 1 対 1 写像 (Figure 1 from Ma *et al.*, 2018).

al., 2014b; Ma *et al.*, 2018).

$$\psi : \begin{pmatrix} x_1(1) & x_1(2) & \dots & x_1(T-1) & x_1(T) \\ x_2(1) & x_2(2) & \dots & x_2(T-1) & x_2(T) \\ \vdots & \vdots & \ddots & \vdots & \vdots \\ x_m(1) & x_m(2) & \dots & x_m(T-1) & x_m(T) \end{pmatrix} \mapsto$$

$$\begin{pmatrix} x_k(1) & x_k(2) & \dots & x_k(T-1) & x_k(T) \\ x_k(2) & x_k(3) & \dots & x_k(T) & x_k(T+1) \\ \vdots & \vdots & \ddots & \vdots & \vdots \\ x_k(L) & x_k(L+1) & \dots & x_k(T+L-2) & x_k(T+L-1) \end{pmatrix} \tag{12.1}$$

あるいは，等価的に $\psi_i : \mathbb{R}^m \to \mathbb{R}$ は次のように表現できる.

$$
\begin{pmatrix}
\psi_1(X(1)) & \psi_1(X(2)) & \ldots & \psi_1(X(T-1)) & \psi_1(X(T)) \\
\psi_2(X(1)) & \psi_2(X(2)) & \ldots & \psi_2(X(T-1)) & \psi_2(X(T)) \\
\vdots & \vdots & \ddots & \vdots & \vdots \\
\psi_L(X(1)) & \psi_L(X(2)) & \ldots & \psi_L(X(T-1)) & \psi_L(X(T))
\end{pmatrix} =
$$

$$
\begin{pmatrix}
x_k(1) & x_k(2) & \ldots & x_k(T-1) & x_k(T) \\
x_k(2) & x_k(3) & \ldots & x_k(T) & x_k(T+1) \\
\vdots & \vdots & \ddots & \vdots & \vdots \\
x_k(L) & x_k(L+1) & \ldots & x_k(T+L-2) & x_k(T+L-1)
\end{pmatrix}. \tag{12.2}
$$

ここで，埋め込み次元は $L > 2d$ の正整数である．式 (12.1)-(12.2) の $X(t)$ は n 変数からランダムに選んだ m 変数のベクトル $X(t) = (\ldots, x_i(t), \ldots, x_j(t), \ldots)$ であり，式 (12.1) では簡単のため $x_1(t)$ から $x_m(t)$ までの変数，すなわち，$X(t) = (x_1(t), x_2(t), \ldots, x_m(t))^T$ とした．式 (12.1)-(12.2) の右辺は時間遅れ再構成アトラクタ（図 12.2 の左図），左辺は非時間遅れ再構成アトラクタ（図 12.2 の右図）からの写像に各々対応する．一般に，式 (12.1) の左辺あるいは (12.2) の左辺に，ターゲット変数 $x_k(t)$ を含んでも含まなくでもよい．

　時間 $t = T$ までのデータは観測された既知値であり，$t > T$ のデータが将来の未知値である．すなわち，式 (12.1)-(12.2) において ψ は未知であり，灰色の背景の変数 ($x_k(T+1), \ldots, x_k(T+L-1)$) が $t > T$ の将来の未知値であり，他の変数は既知の観測したデータ ($t = 1, 2, \ldots, T$) である．したがって，式 (12.1) あるいは (12.2) は現在と将来の情報を結びつける式で，その式を解けば，ターゲット変数の将来値，すなわち予測値 ($x_k(T+1), \ldots, x_k(T+L-1)$) が得られることになる．

　通常の時間遅れ座標埋め込み定理は，長時間観測された低次元（通常は 1 次元）のデータからアトラクタを再構成するものであるが，本手法は，短時間の多変数同時計測データを用いて再構成された非時間遅れ再構成アトラクタから低次元のターゲット変数計測データを用いて再構成された時間遅れ再構成アトラクタに変換することによって予測を実現するものである．また，

式 (12.1) あるいは (12.2) と同様に，1 対 1 に対応する写像 ψ^{-1}（conjugate map，共役マップ）の存在も証明できる．さらに，式の両側の列ベクトルの対応関係から，式 (12.1) あるいは (12.2) は多変数の空間情報から 1 変数の時間情報に変換する式であることがわかる．この変換を，空間-時間情報変換 (STI: Spatio-Temporal Information transformation) と呼ぶ (P. Chen *et al.*, 2020; C. Chen *et al.*, 2020; Wang *et al.*, 2022).

12.3 線形写像による RDE アルゴリズム

写像 ψ が線形の場合には，式 (12.1) の線形 STI 式は次のように表現できる．

$$
\begin{pmatrix}
a_{11} & a_{12} & \dots & a_{1m} \\
a_{21} & a_{22} & \dots & a_{2m} \\
\vdots & \vdots & \ddots & \vdots \\
a_{L1} & a_{L2} & \dots & a_{Lm}
\end{pmatrix}
\begin{pmatrix}
x_1(1) & x_1(2) & \dots & x_1(T-1) & x_1(T) \\
x_2(1) & x_2(2) & \dots & x_2(T-1) & x_2(T) \\
\vdots & \vdots & \ddots & \vdots & \vdots \\
x_m(1) & x_m(2) & \dots & x_m(T-1) & x_m(T)
\end{pmatrix} =
$$

$$
\begin{pmatrix}
x_k(1) & x_k(2) & \dots & x_k(T-1) & x_k(T) \\
x_k(2) & x_k(3) & \dots & x_k(T) & x_k(T+1) \\
\vdots & \vdots & \ddots & \vdots & \vdots \\
x_k(L) & x_k(L+1) & \dots & x_k(T+L-2) & x_k(T+L-1)
\end{pmatrix}.
$$

$$(12.3)$$

式 (12.3) において，変数の数は $L \times m + L - 1$ であり，条件式の数は $L \times T$ である．そこで，$T > m + 1$ を満たすように m 個の変数を選べば，最小 2 乗法などで，式 (12.3) を最小誤差で解くことができる．すなわち，この m 個の変数によるターゲット変数の予測値 ($x_k(T+1), \cdots, x_k(T+L-1)$) と線形写像 $A = (a_{ij})$ が同時に得られる．

また，式 (12.3) と同様に，次式 (12.4) の 1 対 1 に対応する線形写像 ψ^{-1} が存在することも証明できる．

$$\begin{pmatrix} x_1(1) & x_1(2) & \dots & x_1(T-1) & x_1(T) \\ x_2(1) & x_2(2) & \dots & x_2(T-1) & x_2(T) \\ \vdots & \vdots & \ddots & \vdots & \vdots \\ x_m(1) & x_m(2) & \dots & x_m(T-1) & x_m(T) \end{pmatrix} = \begin{pmatrix} b_{11} & b_{12} & \dots & b_{1L} \\ b_{21} & b_{22} & \dots & b_{2L} \\ \vdots & \vdots & \ddots & \vdots \\ b_{m1} & b_{m2} & \dots & b_{mL} \end{pmatrix}$$

$$\begin{pmatrix} x_k(1) & x_k(2) & \dots & x_k(T-1) & x_k(T) \\ x_k(2) & x_k(3) & \dots & x_k(T) & x_k(T+1) \\ \vdots & \vdots & \ddots & \vdots & \vdots \\ x_k(L) & x_k(L+1) & \dots & x_k(T+L-2) & x_k(T+L-1) \end{pmatrix}.$$

$$\tag{12.4}$$

式 (12.4) において，変数の数は $m \times L + L - 1$ であり，条件式の数は $m \times T$ である．そこで，$m > L$ と $T > L$ を満たすように m 個の変数を選べば，最小 2 乗法などで，式 (12.4) を最小誤差で解くことができる．すなわち，この m 個の変数によるターゲット変数の予測値 $(x_k(T+1), \dots, x_k(T+L-1))$ と線形写像 $B = (b_{ij})$ が同時に得られる．式 (12.4) は大きな m を使えるため，より多くの変数の情報を利用できる．また，埋め込み定理の十分条件としては $L > 2d$ を満たすように L を決めるが，必要条件ではなく，実際の応用問題では，その条件を満たさない場合でもよい結果が得られることは多い．

　高次元データを十分に活用するために，m 変数を K 回（たとえば，$K = 1000$）ランダムに選んで，式 (12.3) あるいは 式 (12.4) に代入して解くと，各予測値 $(x_k(T+1), \dots, x_k(T+L-1))$ がそれぞれ K 回得られる．したがって，$(x_k(T+1), \dots, x_k(T+L-1))$ の K 個の予測値の分布がそれぞれ得られ，平均値と標準偏差などの統計値からこの $L-1$ 個予測値の誤差評価もできる．

線形写像による RDE アルゴリズム

Step-0: $(x_1(t), x_2(t), \dots, x_n(t)), t = 1, \dots, T$ を入力し，L と m と K とターゲット変数 $x_k(t)$ を設定する．n 変数から m 個の変数をランダムに

選んで，$X(t) = (\ldots, x_i(t), \ldots, x_j(t), \ldots)^T$ の m 変数の列ベクトルとし，反復回数を $q = 1$ とする.

Step-1: 式 (12.3) あるいは式 (12.4) を解くことによって，ターゲット変数の予測値 $(x_k(T+1), \cdots, x_k(T+L-1))$ と A（あるいは B）を求める.

Step-2: もし $q > K$ となれば，K 回予測した $(x_k(T+1), \cdots, x_k(T+L-1))$ の統計値と分布（たとえば，平均値と標準偏差）を計算し，計算を終了する. そうでなければ，再度，n 変数から m 個の変数をランダムに選んで，$X(t)$ を新たな m 変数の列ベクトルとし，$q = q + 1$ とし，Step-1 に戻る.

明らかに，このアルゴリズムにより，ターゲット変数 $x_k(t)$ の $(L-1)$ 時間先までのすべての予測値，即ち，$(x_k(T+1), \cdots, x_k(T+L-1))$ の予測値が K 回得られるため，これらを用いてそれぞれの分布が同時に得られる.

12.4 │ 非線形写像による RDE アルゴリズム

写像 ψ が非線形の場合，式 (12.1) の写像 $\psi(X)$ はたとえば，多項式，三角関数，Gaussian Kernel などで表現される. たとえば，式 (12.2) の写像 $\psi(X) = (\psi_1(X), \ldots, \psi_L(X))$ は次のように p 次非線形基底関数 $g_l(X)$ で近似される.

$$\psi_i(X) = \sum_{p=1}^{P} a_{ip} g_p(X). \tag{12.5}$$

ここで，$i = 1, \ldots, L$，P は正の整数，a_{ip} は実係数である. 関数 $g_p(X)$: $\mathbb{R}^m \to \mathbb{R}$ は p 次多項式や三角関数などの基底関数である (Ma $et\ al.$, 2014a; Ma $et\ al.$, 2014b; Ma $et\ al.$, 2018). たとえば，2 次までの多項式の場合 $(P = 2)$ について，式 (12.5) は次式 (12.6) のようになり，係数 a_{ip} の数は $C_2^{m+2} \gg T \times L$ となる.

$$\psi_i(X) = \begin{pmatrix} a_{i1} & a_{i2} & \cdots & a_{iC_2^{m+2}} \end{pmatrix} \begin{pmatrix} 1 \\ x_1 \\ \vdots \\ x_m \\ x_1 x_2 \\ \vdots \\ x_{m-1} x_m \\ x_1^2 \\ \vdots \\ x_m^2 \end{pmatrix}. \tag{12.6}$$

すなわち，式 (12.2) において変数の数は式より多くなり，直接には解けない．したがって，Compressive Sensing (CS) などの手法を導入する必要がある．CS のスパース (Sparse) 性などの制約により，式 (12.2) の解が得られる．そこで，式 (12.5) を用いて式 (12.2) を最小誤差で解くことによって，線形写像の場合と同様にターゲット変数 $x_k(t)$ の予測値が得られる．

非線形写像による RDE アルゴリズム

Step-0: $(x_1(t), x_2(t), \ldots, x_n(t)), t = 1, \ldots, T$ を入力し，L と m と K とターゲット変数 $x_k(t)$ を設定する．n 変数から m 個の変数をランダムに選んで，$X(t) = (\ldots, x_i(t), \ldots, x_j(t), \ldots)^T$ の m 変数の列ベクトルとし，式 (12.5) の基底関数 $g_p(X)$ と次数 P を設定し，反復回数を $q = 1$ とする．

Step-1: 式 (12.5) を式 (12.2) に代入し，最小誤差とスパース制約下で式 (12.2) を解くことによって，ターゲット変数の予測値 $(x_k(T+1), \cdots, x_k(T+L-1))$ と $\psi_i(X)$ を求める．

Step-2: もし $q > K$ となれば，K 回予測した $(x_k(T+1), \cdots, x_k(T+L-1))$ の統計値と分布（たとえば，平均値と標準偏差）を計算し，計算を終了する．そうでなければ，n 変数から m 個の変数をランダムに選んで，$X(t)$ を新たな m 変数の列ベクトルとし，$q = q + 1$ とし，Step-1 に戻る．

　明らかに，線形写像と同様にこの非線形写像アルゴリズムにより，ターゲット変数 $x_k(t)$ の $(L-1)$ 時間先までのすべての予測値，すなわち，$(x_k(T+1),\cdots,x_k(T+L-1))$ が同時に得られる．それらの値が K 回得られるため，予測値の分布が得られる．

12.5 ニューラルネットワークによる RDE アルゴリズム

　多層ニューラルネットワーク MNN (Multilayer Neural Networks) が 3 層あれば任意の連続関数を近似できる (Funahashi, 1989) ことを利用して，式 (12.1) あるいは式 (12.2) の写像 $\psi_i(X)$ を多層ニューラルネットワーク MNN で近似することも可能である．すなわち，合計 T 個の学習サンプルにおいて，式 (12.1) の左辺の m 個の変数 x_i（すなわち，m 個の変数の空間情報）が MNN の入力で，右側の L 個の変数（1 変数の時間情報）が MNN の出力である．ニューラルネットワークに対して，BP (Back Propagation) あるいは SBP (Stochastic Back Propagation) 法 (Hinton *et al.*, 2006) で学習する．ただし，式 (12.1) 右辺の 2 行目の学習サンプル数が $T-1$ 個で一番多く，L 行目の学習サンプル数が $T-L+1$ 個で一番少ない．そのため，2 種類のアルゴリズムが考えられる．ここで，1 行目の写像は予測ではないため，学習する必要がない．

(1) One-Step 予測：最初から式 (12.1) の 2 行目の学習を行い，得られた予測値 $x_k(T+1)$ を 3 行目に代入して既知値として学習を行う手順を順番に行うと，すべての行の学習サンプル数が同じ T となるため，写像 $\psi_i(X)$ の学習と $(x_k(T+1),\cdots,x_k(T+L-1))$ の予測を効率的に行うことができる．

(2) Multi-Step 予測：同じニューラルネットワークを使って，連立ですべての写像 $\psi_i(x)$ を同時に学習することにより，$(x_k(T+1),\cdots,x_k(T+L-1))$ の予測を同時に行うこともできる．

　ニューラルネットワークを用いた RDE アルゴリズムは，非線形関数の代わりにニューラルネットワークを使うこと以外は，非線形写像によるアルゴリズムとほぼ同様のため，省略する．このようなニューラルネットワーク

構造を利用した学習以外にも，各 $\psi_i(X)$ の線形連立で学習する手法 (ALM: Anticipated Learning Machine) も開発されている (C. Chen *et al.*, 2020). また，写像 ψ とその逆写像 ψ^{-1} を同時に利用するニューラルネットワークの学習手法 (ARNN: Auto-Reservoir Neural Network) (P. Chen *et al.*, 2020) が有効であることも示されている.

12.6 | 解析例

1. 結合ローレンツモデルの予測

　まず，N 個のサブシステムを持つローレンツモデルを高次元システムの例として，RDE 法を応用する．i 番目 $(i = 1, 2, \ldots, N)$ のサブシステムは次のように表現できる.

$$\dot{x}_i = \sigma(y_i - x_i) + Cx_{i-1}, \ \dot{y}_i = \rho x_i - y_i - x_i z_i, \ \dot{z}_i = -\beta z_i + x_i y_i.$$

ここで，$\sigma = 10$, $\rho = 28$, $\beta = 8/3$, $C = 0.1$ とし，Cx_{i-1} は i 番目と $i - 1$ 番目のサブシステムの結合項である．ただし，$i = 1$ のサブシステムにおいて，$i - 1$ を N とする．各変数の初期値は 0 と 1 の間のランダム値，時間間隔 $\tau = 0.0250$ であり，50 時間点のデータを学習データとする．$K = 10^4$ で，非線形写像の基底関数 g を 2 次多項式関数（式 (12.6)）とする．図 12.3 に RDE 法を用いた 90 次元 $(N = 30)$ の結合ローレンツモデルの予測例（50 時間点の学習，30 時間点の予測）を示す (Ma *et al.*, 2018). RDE 法は局所のサンプル学習でも大域のダイナミクスを予測できる．すなわち，従来のディープラーニングを用いた AI 技術と異なり，大量の学習データを用いずに，RDE 法が高精度の予測を実現できることが示された.

2. 遺伝子発現量の予測

　マウスを用いた実験で計測された 48 時間マイクロアレイデータ（2 時間間隔，46628 miRNA と mRNA のデータ）を用いた．RDE 法で，最初の 12 時点を学習し，残りの 12 時点を予測した．$K = 10000$, $m = 10$ と設定した．46628 変数（遺伝子の発現量）からランダムに 5 変数を選んで RDE

(a)

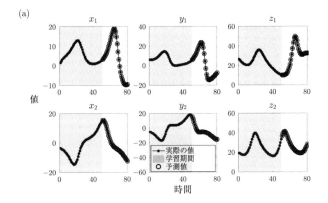

(b)

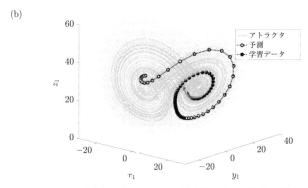

図 12.3 ランダム分布埋め込み (RDE) 法を用いた 90 次元の結合ロ
レンツモデルの 6 変数予測（50 時間点の学習，30 時間点の予測）(Fig-
ure 5 from Ma *et al.*, 2018). RDE 法は局所のサンプル学習でも大域の
ダイナミクスを予測できる．すなわち，従来のディープラーニングに基
づく AI 技術と異なり，大量の学習データを用いずに，RDE 法を用いて
高精度の予測が実現されている．

法の学習と予測を行った．図 12.4 に示すように，高い精度で遺伝子の発現
量が予測できた (Ma *et al.*, 2018).

3. 風速の予測

2010-2012 年の，東京地域の 5 ヵ所の風速データ（m/s，時間間隔 10 分

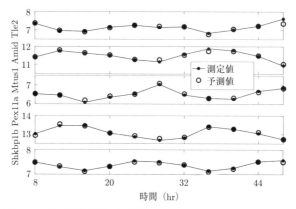

図 **12.4**　遺伝子発現量の予測 (Figure 6 from Ma *et al.*, 2018).

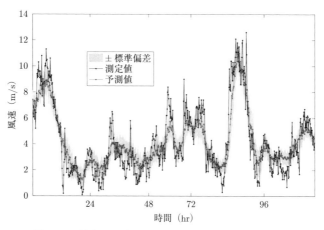

図 **12.5**　風力の予測 (Figure 6 from Ma *et al.*, 2018).

間）を RDE 法を用いて予測した．$K = 1000$, $m = 5$ とした．RDE 法で，
450 時間点のデータを学習し，6 時間点先（6 ステップ先）を予測した．図
12.5 に示すように，予測結果と実データの相関係数は 0.9 と十分高くなっ
た (Ma *et al.*, 2018).

参考文献

C. Chen, R. Li, L. Shu, Z. He, J. Wang, C. Zhang, H. Ma, K. Aihara, and L. Chen, Predicting future dynamics from short-term time series by anticipated learning machine, Natl. Sci. Rev. 7, 1079-1091 (2020).

L. Chen, R. Liu, Z. Liu, M. Li, and K. Aihara, Detecting early-warning signals for sudden deterioration of complex diseases by dynamical network biomarkers, Sci. Rep. 2, 342 (2012).

P. Chen, R. Liu, K. Aihara, and L. Chen, Autoreservoir computing for multistep ahead prediction based on the spatiotemporal information transformation, Nat. Commun. 11, 4568 (2020).

E. R. Deyle and G. Sugihara, Generalized theorems for nonlinear state space reconstruction, PLoS One 6(3), e18295 (2011).

K. Funahashi, On the approximate realization of continuous mappings by neural networks, Neural Networks 2, 183-192 (1989).

G. E. Hinton, S. Osindero, and Y. W. Teh, A fast learning algorithm for deep belief nets, Neural Comput. 18(7):1527-1554 (2006).

R. Liu, P. Chen, K. Aihara, and L. Chen, Identifying early-warning signals of critical transitions with strong noise by dynamical network markers, Sci. Rep. 5, 17501 (2015).

X. Liu, X. Chang, S. Leng, H. Tang, K. Aihara, and L. Chen, Detection for disease tipping points by landscape dynamic network biomarkers, Natl. Sci. Rev. 6, 775-785 (2019).

H. Ma, K. Aihara, and L. Chen, Detecting causality from nonlinear dynamics with short-term time series, Sci. Rep. 4, 7464 (2014a).

H. Ma, T. Zhou, K. Aihara, and L. Chen, Predicting time-series from short-term high-dimensional data, Int. J. Bifurcat. Chaos 24, 1430033 (2014b).

H. Ma, S. Leng, K. Aihara, W. Lin, and L. Chen, Randomly distributed embedding making short-term high-dimensional data predictable, Proc. Natl. Acad. Sci. USA 115, E9994-E10002 (2018).

T. Sauer, J. A. Yorke, and M. Casdagli, Embedology, J. Stat. Phys. 65, 579-616 (1991).

F. Takens, Detecting strange attractors in turbulence, in *Dynamical systems and turbulence, Warwick 1980* (Springer), pp. 366-381 (1981).

J. Wang, C. Chen, Z. Zheng, L. Chen, and Y. Zhou, Predicting high-dimensional time series data with spatial, temporal and global information, Inf. Sci. 607, 477-492 (2022).

おわりに

　ビッグデータ解析の必要性やデータ科学の重要性が叫ばれるようになってから久しい．統計学や機械学習の手法が注目を集めて，さかんに研究されている．しかし，実際の現場では，扱う対象は，動的な非線形システムであることが多く，その観測データは時系列データとして与えられるため，単純な統計学や機械学習の方法では，必ずしもうまく扱うことが容易ではない場合も多い．

　そこで重要になってくるのが，対象とするシステムの背後の力学系をうまく取り扱うことができるような非線形時系列解析である．

　本書では，非線形時系列解析の基礎理論，なかでも，2000 年以降に大きく発展した部分に重点をおいて解説した．ここ 20 年余りの間の大きな発展は，次のようにまとめることができる：

(1) 非定常性がうまく扱えるようになってきた（リカレンスプロット，状態遷移の予兆検知，大局的な時系列情報の抽出，無限次元の時間遅れ座標など）

(2) 高次元性がうまく扱えるようになってきた（さまざまな因果性解析，ランダム分布埋め込み法と埋め込み空間の変換，無限次元の時間遅れ座標，複数時系列予測の統合，DNM および DNB 解析など）

(3) 確率論性がうまく扱えるようになってきた（リカレンスプロット，パーミュテーション，複数時系列予測の統合など）

これらの発展により，非線形時系列解析理論の扱える対象は，さらに大きく広がり実用化されてきている．

　しかし，本書で紹介した手法は，本書執筆時の best practice であり，紹介した手法は発展途上である．今後，これらの手法がさまざまな実データに活用され新たな事実が発見されるとともに，その過程で，数理解析手法自身がさらなる進歩を遂げていくのを，著者らは楽しみにしている．

さらなる理解を深めるために

　最後に，今後に向けて，第2章から第12章までの内容の理解をさらに深めるとともに本書ではカバーできなかった話題を考察するための材料やヒントを挙げる．非線形時系列解析理論のさまざまな応用に活かしていただきたい．

状態空間の再構成

　時間遅れと埋め込み次元を推定する問題は，より一般的な枠組みへと拡張されている．たとえば，Judd and Mees (1998) の手法では，さまざまな時間遅れからなる時間遅れ座標を定義した．これを非一様埋め込み (non-uniform embedding) という．つまり，時間遅れ座標を以下のように選ぶ，

$$(y_t, y_{t-\tau_1}, \ldots, y_{t-\tau_{d-1}}).$$

ここで，τ_i が τ_1 の倍数になっていない場合もありうることに注意する．

　また，Judd and Mees (1998) の手法は，多変量の時系列データから時間遅れ座標を求める手法に拡張されている (Hirata *et al.*, 2006)．

時系列データのカオス的特徴

　できるだけ短い時系列データを用いて相関次元を推定する手法が，Judd (1992), Judd (1994), Yu *et al.*(2000) によって提案されている．

　また，本書では，最大リヤプノフ指数のみを取り上げたが，本来，リヤプノフ指数は，状態空間の次元の数だけ存在する．このようなリヤプノフスペクトラムを推定する手法が，Sano and Sawada (1985) によって提案されている．

リカレンスプロット

　第 7 章で，点過程時系列データの解析に，第 4 章で紹介したリカレンスプロットを利用した．点過程時系列データの解析に利用できる手法はあまり多くないため，リカレンスプロットが大きな力を発揮する．リカレンスプロットが，確率論的な対象の特徴づけにも有効なことが示されつつあるので (Ramdani *et al.*, 2016, 2018; Hirata, 2021)，今後は，この方向の発展も楽しみである．

　さらに，リカレンスプロットは，時系列データ解析を超えて，応用範囲を，染色体やタンパク質の 3 次元構造の再構成へと拡げつつある (Hirata *et al.*, 2016b; Hirata *et al.*, 2021; Hirata *et al.*, 2022)．一般に，時間のみでなく，1 つのパラメータ変化で記述できる対象に拡張できるものと思われる．

記号力学的アプローチを使った時系列データ解析

　Kennel and Mees (2000, 2002) や Hirata and Mees (2003) を参考にしながら，ぜひ，文脈木の方法のプログラムを独力で書いてみることをお勧めする．既知の結果との一致性など，大変よい性質を持っていることがわかる．

　また，パーミュテーションが確率論的な時系列データの特徴づけにも有効であることが示されつつある (Hirata *et al.*, 2020)．パーミュテーションや再帰三角形 (Hirata, 2021) を使って，ダイナミカルノイズが加わっているような対象に対しても，モチーフの大きさ無限大の極限で，モチーフと，状態と確率的な入力の系列とを，1 対 1 に対応させることができるという意味で，元の力学系と等価な記号力学が構築できるであろう．この研究は，今後の発展が大いに望める方向性ではないかと考えられる．

非線形時系列解析における仮説検定

　サロゲートデータ解析においては，元の時系列データが定常でない場合に

は，誤った棄却が起きる可能性があることが知られている (Timmer, 1998, 2000)．そのため，サロゲートデータを生成する前に，Kennel (1997) の方法などを使って定常性を確認しておく必要がある．また，トレンドのような非定常性があるデータに対しても利用できるサロゲートデータが開発されている (Nakamura *et al.*, 2006)．

　フェーズ・ランダマイズド・サロゲートデータとイタレーティブ・アンプリチュード・アジャスティッド・フーリエ・トランスフォーム・サロゲートデータに関しては，フーリエ変換を用いているため，始めの点での変化と終わりの点での変化が揃っていないと高周波成分が発生し，問題が起きる可能性がある (Schreiber and Schmitz, 2000)．その解決策としては，始めの点での変化と終わりの点での変化をできるだけ揃える方法が知られている (Schreiber and Schmitz, 2000)．

　また，近年，線形性・非線形性の検定と，決定論性・確率論性の検定を分離する試みが進んできた (Hirata and Shiro, 2019; Hirata *el al.*, 2019; Hirata, 2021)．これらを使って，時系列解析の前提条件をしっかり確かめたうえで，適切な手法を選ぶことが，今後の時系列解析のトレンドになると，著者らは考えている．

非線形予測

　中期予測に関しては，Judd and Small (2000) の手法がとても有効である．これは，2段階の予測方式である．まず，再帰予測を使って1段目の予測を作る．そして，1段目の予測を補正することで2段目の予測を作る．このようにすることで，再帰予測を使ったときに現れうる系統的な予測誤差を補正することができる．

点過程時系列データ解析

　第8章では，点過程時系列データの解析を紹介したが，同様な手法・考え方が時間とともに変化する複雑ネットワークの解析にも用いることができ

る (Iwayama *et al.*, 2012)．その意味で，第 8 章で説明した手法は，通常の時系列データ以外のデータを解析するうえで多くのヒントを与えることになるであろう．また応用面では，経済データや地震データなどに関して，点過程時系列データ解析と第 10 章で紹介した DNM 理論の統合することが重要な研究テーマである．

因果性解析

　因果性解析に関して，実際にそれぞれの手法を実装し，簡単な数理モデルで手法の有効性を比較してみることをお勧めする．また，さまざまな手法の結果を組み合わせて方向性の結合を評価することによって，多角的な性能が評価可能となり (Hirata *et al.*, 2016a)，より正しい真実に近づけると考えられる．

　Granger causality と transfer entropy などが時系列の因果関係判定に従来広く使わているが，nonseparability 問題がある．また，transfer entropy には strong association 問題もある (Zhao *et al.*, 2016)．CCM (Sugihara *et al.*, 2012) ではもとの状態空間でなく埋め込み空間で因果関係を検定するため，nonseparability 問題を解決できるが，線形重み付き問題がある (Ma *et al.*, 2018; Shi *et al.*, 2022)．これらの問題に対して，力学系理論の観点から関数の依存性により causality を定義することが可能であり，特に Dynamical Causality (DC)（動的因果関係）が提案されている (Shi *et al.*, 2022)．この DC は，時系列解析のさまざまな因果関係の定義の枠組み，たとえば Granger causality, transfer entropy, CCM の embedding causality をより厳密に記述できる．また，CCM の線形重み付き問題と transfer entropy の nonseparability と strong association 問題を解決するため，近傍射影の連続性の利用により embedding entropy (Shi *et al.*, 2022) が考案され，時系列の動的因果関係の検定に応用された．この方向の研究，特に非線形，ノイズ，不確かさなどの問題について，今後さらなる発展が必要である．

状態遷移の予兆検知

　強ノイズ下のシステムにおいて，DNM や DNB に使われている 2 次統計量だけでは高い精度の予兆検知ができないことがある．その場合，第 10 章で紹介した高次統計量を含む確率分布の情報，さらには対象システム構造を含むネットワークの情報を利用することが重要と考えられる．たとえば，ネットワークのゆらぎ／情報量を定量化するネットワークフローエントロピー (Li *et al.*, 2021; Gao *et al.*, 2022) やマルコフ連鎖エントロピー (Shi *et al.*, 2021, 2022) のような指標は確率分布の情報とネットワークの情報を同時に利用しているため，強ノイズ下のシステムの予兆検知に対して有効な手法と思われる．

高次元性，非定常性，確率論性への対処技術

　時系列データが与えられた際の大局的な時系列情報抽出の問題は，非定常性を直接取り扱ううえで重要になると思われる．気象，気候，生命現象，経済現象等の対象では，非定常性を考慮した解析が欠かせない．この方向の研究は，今後ますます重要になってくると思われる．さらなる解析手法の開発が望まれる．

　また，無限次元の遅れ座標で近傍点を選んでおいて，そのうえで，重心座標の方法を使って具体的な時系列予測器を構成すると，時系列予測性能がより改善する可能性があると考えられる．意欲的な読者は，ぜひ試してみていただきたい．

　さらに，近傍点の数を変えて局所定数予測を構成し，それらの時系列予測を統合すると，決定論的なダイナミクスと確率論的なダイナミクスの両方を考慮したような時系列予測器が構成できると思われる．さまざまな対象での確率論的なダイナミクスの存在が明らかになりつつある現在，決定論的なダイナミクスと確率論的なダイナミクスをつなぐような時系列予測の手法が，今後，さまざまな場面で重要になってくると思われる．

ランダム分布埋め込み法と埋め込み空間の変換

　第 12 章で紹介したように，各写像の線形連立で学習する手法 (ALM: Anticipated Learning Machine) が開発されている (C. Chen *et al.*, 2020; Wang *et al.*, 2022). この場合，基底関数を用意する必要がないため，ディープニューラルネットワーク (DNN: Deep Neural Networks) による実装が容易となる．また，写像 ψ とその逆写像 ψ^{-1} を同時に利用するニューラルネットワークの学習手法を用いた ARNN (Auto-Reservoir Neural Network) (P. Chen *et al.*, 2020) によって，高効率な予測が実現できる．

　近年，AI や IoT の技術が急速に進展している．現在の AI の主要技術であるディープラーニングは，静止画像の認識などには極めて高い性能を発揮するが，学習のために大量の教師データと計算時間を必要とするうえに，時系列データのような動的情報の処理には限界がある．一方，センサや IoT などの計測技術の進歩により，一度に多種多数のデータを同時計測することは比較的容易になってきている．たとえば，人のゲノムは 2 万以上の遺伝子からなり，得られた 1 サンプルからそれぞれの遺伝子の発現量を同時計測することが可能である．第 12 章では，たくさんの変数の過去の動向を短時間だけ観測したデータから，特定のターゲット変数の将来の動向を高精度に予測する RDE 法を紹介した．この方法は埋め込み定理から導出された空間情報から時間情報への変換式 (STI) に基づいている．第 12 章では，遺伝子発現量，風速などの実際の時系列データに対して予測を行い，有効性を確認したが，本方法により，経済，医学，エネルギー，電力などさまざまな分野で，短時間の観測データから将来の動向を予測する高度な予測技術を用いた AI システムの構築が可能になると期待される．これらの可能性と特徴を，以下にまとめておこう．

(1) 多くの複雑系は非定常で，時間とともにそのシステム特性自体が変化する．そのため，長時間のデータを測定しても過去情報を現在の予測に用いるのには限界がある．他方で，短い時間期間であればシステムは相対的にほぼ定常と考えられるので，短時間の時系列でも多変数の

同時計測データから情報を抽出できる RDE 法を用いた予測は非定常システムに有効である．特に，RDE 法は，従来手法のようにターゲット変数の長時間の時系列データに依存するのではなく，他の多数の変数に分散的に保持されたターゲット変数の情報を埋め込みにより抽出するため，短時間の時系列データでも観測変数の数が十分大きければ，高精度の予測が実現できる．

(2) 非線形システムの安定状態が分岐点に近いかどうかにより，予測の重点が異なる．システムの安定状態が分岐点に近い場合に関して，DNMあるいは DNB 解析手法 (Chen *et al.*, 2012; Liu *et al.*, 2015; Liu *et al.*, 2019) が開発され，システムの臨界状態検出を定量化することが可能となっている．その応用として，がんやメタボリックシンドロームなどの複雑疾患の臨界状態あるいは未病の予兆検出に適用されつつある．他方で，多くの変数を持つ複雑系において，システムの安定状態が分岐点から離れている場合，アトラクタを保持する状態は一般には実在システムの散逸性によって低次元空間となるため，時間遅れ埋め込みや非時間遅れ埋め込みにより再構成できる．したがって，アトラクタの低次元空間における動的性質を利用した RDE 法がターゲット変数のダイナミクスの予測に有効に活用可能である．

(3) RDE 法は少ないサンプル（短時間の時系列データ）でもニューラルネットワークの学習により，時系列の予測ができる．これは，従来のディープラーニングに基づく AI 技術と異なり，大量の学習データがなくでも実現できる可能性を拓くものである．

(4) 第 12 章の式 (12.1) あるいは式 (12.2) において，2 つの埋め込み空間を対応させる写像は，過去・現在の情報と将来の情報を自然に変換する．ヒトの脳の優れた高次機能の 1 つに予測能力がある．他方で，ニューラルネットワークの学習の観点から，式 (12.1) あるいは式 (12.2) は一種の予測学習 (Anticipating Learning) ともいえる．この関連の研究の例が ALM (C. Chen *et al.*, 2020) と ARNN (P. Chen *et al.*, 2020) である．また，このような予測学習能力は脳の高次認知能力などと関わっている可能性も考えられる．

カオスダイナミクスのディープラーニングや最適化問題への応用

　最適化問題，たとえば，組み合わせ最適化問題あるいはディープニューラルネットワークの学習問題に対して，一般的に勾配法とその変形法が使われているが，局所最適解に収束してしまうという問題がある．特にディープラーニングにおいて，BP (Back Propagation) 法とその変形法 (SGD, BP+momentum, BP+ADAM) は汎用学習法として広く利用されている（たとえば，AlphaFold2, GPT-3, MLP Mixer）が，基本的に勾配ダイナミクスに基づいているために局所最適解の問題がある．カオスダイナミクスは大域探索の能力 (global searching ability) があり，それを利用すれば，より高い精度の学習ができる可能性がある　そのような手法，すなわちカオスアニーリング法 (chaotic annealing) (Chen and Aihara, 1995, 1997, 1999, 2000, 2001) や CBP (Chaotic Back Propagation) (Tao et al., 2022) が提案されて，DNN における各種のデータの学習により CBP の有効性 (Tao et al., 2022) も確認されているため，今後各種のディープラーニングや大域最適化へのカオスダイナミクスの応用が期待される．

参考文献

C. Chen, R. Li, L. Shu, Z. He, J. Wang, C. Zhang, H. Ma, K. Aihara, and L. Chen, Predicting future dynamics from short-term time series by anticipated learning machine, Natl. Sci. Rev. 7, 1079-1091 (2020).

L. Chen and K. Aihara, Chaotic Simulated Annealing by a Neural Network Model with Transient Chaos, Neural Networks, 8, No.6, 915-930 (1995).

L. Chen and K. Aihara, Chaos and Asymptotical Stability in Discrete-time Neural Networks. Physical D, 1601:1-39 (1997).

L. Chen and K. Aihara, Globally Searching Ability of Chaotic Neural Networks, IEEE Transactions on Circuits and Systems-I, 46, 974-993 (1999).

L. Chen and K. Aihara, Strange Attractors in Chaotic Neural Networks, IEEE Transactions on Circuits and Systems-I, 47, 1455-1468 (2000).

L. Chen and K. Aihara, Chaotic dynamics of neural networks and its application to combinatorial optimization, Journal of Dynamical Systems and Differential Equations, 9, 139-168 (2001).

P. Chen, R. Liu, K. Aihara, and L. Chen, Autoreservoir computing for multistep ahead prediction based on the spatiotemporal information transformation, Nat. Commun. 11, 4568 (2020).

G. Gao, J. Yan, P. Li, and L. Chen, Detecting the critical states during disease development based on temporal network flow entropy. Brief. Bioinform. bbac164 (2022).

Y. Hirata, Recurrence plots for characterizing random dynamical systems, Commun. Nonlinear Sci. Numer. Simulat. 94, 105552 (2021).

Y. Hirata, J. M. Amigó, Y. Matsuzaka, R. Yokota, H. Mushiake, and K. Aihara, Detectig causality by combined use of multiple methods: climate and brain examples, PLoS One 11, e0158572 (2016a).

Y. Hirata, Y. Kitanishi, H. Sugishita, and Y. Gotoh, Fast reconstruction of an original continuous seriers from a recurrence plot, Chaos 31, 121101 (2021).

Y. Hirata and A. I. Mees, Estimating topological entropy via a symbolic data compression technique, Phys. Rev. E 67, 026205 (2003).

Y. Hirata, A. H. Oda, C. Motono, M. Shiro, and K. Ohta, Imputation-free reconstructions of three-dimensional chromosome architectures in human diploid single-cells using allele-specified contacts, Sci. Rep. 12, 11757 (2022).

Y. Hirata, A. Oda, K. Ohta, and K. Aihara, Three-dimensional reconstruction of single-cell chromosome structure using recurrence plots, Sci. Rep. 6, 34982 (2016b).

Y. Hirata, Y. Sato, and D. Faranda, Permutations uniquely identify states and unknown external forces in non-autonomous dynamical systems, Chaos 30, 103103 (2020).

Y. Hirata and M. Shiro, Detecting nonlinear stochastic systems using two independent hypothesis tests, Phys. Rev. E 100, 022203 (2019).

Y. Hirata, M. Shiro, and J. M. Amigó, Surrogate data preserving all the properties of ordinal patterns up to a certain length, Entropy 21, 713 (2019).

Y. Hirata, H. Suzuki, and K. Aihara, Reconstructing state spaces from multivariate data using variable delays, Phys. Rev. E 74, 026202 (2006).

K. Iwayama, Y. Hirata, K. Takahashi, K. Watanabe, K. Aihara, and H. Suzuki, Characterizing global evolutions of complex systems via intermediate network representations, Sci. Rep. 2, 423 (2012).

K. Judd, An improved estimator of dimension and some comments on providing confidence intervals, Physica D 56, 216-228 (1992).

K. Judd, Estimating dimension from small samples, Physica D 71, 421-429 (1994).

K. Judd and A. Mees, Embedding as a modeling problem, Physica D, 120 (3-4), 273-286 (1998).

K. Judd and M. Small, Towards long-term prediction, Physica D 136, 31-44 (2000).

M. B. Kennel, Statistical test for dynamical nonstationarity in observed time-series data, Phys. Rev. E 56, 316-321 (1997).

M. B. Kennel and A. I. Mees, Testing for general dynamical stationarity with a symbolic data compression technique, Phys. Rev. E 61, 2563-2568 (2000).

M. B. Kennel and A. I. Mees, Context-tree modeling of observed symbolic dynamics, Phys. Rev. E 66, 056209 (2002).

L. Li, H. Dai, Z. Fang, and L. Chen, CCSN: single cell RNA sequencing data analysis by conditional cell-specific network, Genomics Proteomics Bioinformatics 19, 319-329 (2021).

R. Liu, P. Chen, K. Aihara, and L. Chen, Identifying early-warning signals of critical transitions with strong noise by dynamical network markers, Sci. Rep. 5, 17501 (2015).

X. Liu, X. Chang, S. Leng, H. Tang, K. Aihara, and L. Chen, Detection for disease tipping points by landscape dynamic network biomarkers, Natl. Sci. Rev. 6, 775-785 (2019).

H. Ma, S. Leng, K. Aihara, W. Lin, and L. Chen, Randomly Distributed Embedding Making Short-term High-dimensional Data Predictable, Proc. Natl. Acad. Sci. USA, 115, E9994-E10002 (2018).

T. Nakamura, M. Small, and Y. Hirata, Testing for nonlinearity in irregular fluctuations with long-term trends, Phys. Rev. E 74, 026205 (2006).

S. Ramdani, F. Bouchara, J. Lagarde, and A. Lesne, Recurrence plots of discrete-time Gaussian stochastic processes, Physica D 330, 17-31 (2016).

S. Ramdani, F. Bouchara, and A. Lesne, Probabilistic analysis of recurrence plots generated by fractional Gaussian noise, Chaos 28, 085721 (2018).

M. Sano and Y. Sawada, Measurement of the Lyapunov spectrum from a chaotic time series, Phys. Rev. Lett. 55, 1082-1085 (1985).

T. Schreiber and A. Schmitz, Surrogate time series, Physica D 142, 346-382 (2000).

J. Shi, A. Teschendorff, L. Chen, and T. Li, Quantifying Waddington's epigenetic landscape: a comparison of single-cell potency measures, Brief. Bioinform. 21, 248-261 (2018).

J. Shi, K. Aihara, and L. Chen, Dynamics-based data science in biology, Natl. Sci. Rev. 8, nwab029 (2021).

J. Shi, L. Chen, and K. Aihara, Embedding entropy: a nonlinear measure of dynamical causality. J. R. Soc. Interface 19, 20210766 (2022).

G. Sugihara, R. May, H. Ye, C. Hsieh, E. Deyle, M. Fogarty, and S. Munch, Detecting Causality in Complex Ecosystems, Science 26, 496-500 (2012).

P. Tao, J. Cheng, and L. Chen, Brain-inspired chaotic backpropagation for MLP, Neural Networks, https://doi.org/10.1016/j.neunet.2022.08.004 (2022).

J. Timmer, Power of surrogate data testing with respect to nonstationarity, Phys. Rev. E 58, 5153–5156 (1998).

J. Timmer, What can be inferred from surrogate data testing? Phys. Rev. Lett. 85, 2647 (2000).

J. Wang, C. Chen, Z. Zheng, L. Chen, and Y. Zhou, Predicting high-dimensional time series data with spatial, temporal and global information, Inf. Sci. 607, 477–492 (2022).

D. Yu, M. Small, R. G. Harrison, and C. Diks, Efficient implementation of the Gaussian kernel algorithm in estimating invariants and noise level from noisy time series data, Phys. Rev. E 61, 3750–3756 (2000).

J. Zhao, Y. Zhou, X. Zhang, and L. Chen, Part mutual information for quantifying direct associations in networks, Proc. Natl. Acad. Sci. USA, 113, 5130–5135 (2016).

索 引

著者略歴

平田祥人

筑波大学システム情報系准教授，Doctor of Philosophy. 1998
年東京大学工学部計数工学科卒業．東京大学生産技術研究所特
任准教授，同大大学院情報理工学系研究科准教授等を経て，現
職．専門は，非線形時系列解析，染色体の 3 次元構造再構成.

陳洛南

中国科学院教授，東京大学国際高等研究所ニューロインテリジ
ェンス国際研究機構客員教員，博士（工学）．1984 年華中科技
大学 (HUST) 工学部電気工学科卒業，大阪産業大学工学部教
授，東京大学生産技術研究所客員教授などを経て，現職．専門
は，非線形ダイナミクス，時系列解析，機械学習など.

合原一幸

東京大学特別教授，名誉教授，同国際高等研究所ニューロインテ
リジェンス国際研究機構副機構長，工学博士. 1977 年東京大学
工学部卒業，同大大学院新領域創成科学研究科・工学系研究科・
情報理工学系研究科教授・同大生産技術研究所教授などを経て
現職．『理工学系からの脳科学入門』（東京大学出版会，2008）
など著書多数.

非線形時系列解析の基礎理論

2023 年 4 月 24 日　初　版

［検印廃止］

著　者　平田祥人・陳洛南・合原一幸
　　　　 ひらたよしと　りんらくなん　あいはらかずゆき

発行所　一般財団法人　東京大学出版会

代表者　吉見俊哉

153-0041 東京都目黒区駒場 4-5-29
電話 03-6407-1069　Fax 03-6407-1991
振替 00160-6-59964

印刷所　大日本法令印刷株式会社
製本所　牧製本印刷株式会社

大野克嗣
非線形な世界　　　　　　　　　　　　　A5 判/304 頁/3,800 円

大橋靖雄・浜田知久馬・魚住龍史
生存時間解析　第 2 版　　　　　　　　A5 判/320 頁/5,500 円
SAS による生物統計

大橋靖雄・浜田知久馬・魚住龍史
生存時間解析　応用編　　　　　　　　A5 判/228 頁/4,800 円
SAS による生物統計

竹内　啓 監修／市川伸一・大橋靖雄ほか 著
SAS によるデータ解析入門　第 3 版　　B5 判/288 頁/3,400 円
（SAS で学ぶ統計的データ解析 1）

齊藤宣
数値解析入門　　　　　　　　　　　　A5 判/304 頁/3,000 円
（大学数学の入門 9）

芝　祐順・南風原朝和
行動科学における統計解析法　　　　　A5 判/304 頁/3,000 円

ここに表示された価格は本体価格です．御購入の
際には消費税が加算されますので御了承下さい．